出納實務（第三版）

主編 許仁忠 周夙蓮 李慧蓉 張珊珊

崧燁文化

前 言

《出納實務》共九章，包括出納概述、出納帳務、發票管理實務、銀行存款和現金管理實務、銀行結算實務、辦稅實務、銀行借款實務、證照申辦年檢實務、出納工作交接與出納資料歸檔等內容。出納實務是高職高專會計專業必修的專業技能基礎課程。相當數量的高職高專會計專業畢業生在走上會計崗位的初始，都會從擔任企業出納工作開始。基於此，我們編寫時注重了內容選取上的廣泛性和深入性，期望能為高職高專會計專業學生在學習和培訓出納工作技能時提供必要的基本知識。

本書在編寫時強調出納實務知識與技能的講授，注重出納實際工作操作能力的訓練，在對各項出納實際工作實務知識與技能的介紹中，著重對出納帳務、發票管理、銀行存款和現金管理、銀行結算、銀行借款等實務環節的知識與技能進行了深入且廣泛，強調培養學生的動手能力，以學生畢業上崗即能擔任出納崗位實際工作為目標，引導學生在實踐實訓上下功夫。為此，本書特別強調出納技能的講授，強調學生應掌握的出納工作技能，包括對企業發票和貨幣資金管理、各類銀行結算方式的操作、出納帳務的處理，等等。編者期望能通過密切聯繫實際的學習，讓學生能真正學會和掌握企業出納的知識與技能，為走上工作崗位即能勝任企業出納工作做好應有的準備。

編　者

目 錄

第一章　出納概述 …………………………………………………………（1）
　　第一節　出納的涵義、特點與意義 ……………………………………（1）
　　第二節　出納員的職責、工作規範和權限 ……………………………（2）
　　第三節　出納的基本技能 ………………………………………………（6）
　　第四節　出納的日常工作內容 …………………………………………（16）
　　第五節　現金、票據及印章的保管 ……………………………………（19）

第二章　出納帳務 …………………………………………………………（22）
　　第一節　庫存現金日記帳 ………………………………………………（22）
　　第二節　銀行存款日記帳 ………………………………………………（26）
　　第三節　對帳與編製出納報告 …………………………………………（27）

第三章　發票管理實務 ……………………………………………………（31）
　　第一節　發票的種類 ……………………………………………………（31）
　　第二節　發票的領購 ……………………………………………………（32）
　　第三節　發票的開具使用與保管 ………………………………………（34）
　　第四節　發票的繳銷 ……………………………………………………（38）

第四章　現金和銀行存款管理實務 ………………………………………（40）
　　第一節　現金管理實務 …………………………………………………（40）
　　第二節　銀行存款管理實務 ……………………………………………（47）

第五章　銀行結算實務 ……………………………………………………（54）
　　第一節　支票結算 ………………………………………………………（54）
　　第二節　本票結算 ………………………………………………………（63）
　　第三節　匯兌結算 ………………………………………………………（68）
　　第四節　銀行托收承付結算 ……………………………………………（72）
　　第五節　匯票結算 ………………………………………………………（79）

第六節　銀行匯票結算 ··· (86)
　　第七節　商業匯票結算 ··· (92)
　　第八節　銀行委託收款結算 ··· (99)

第六章　辦稅實務 ··· (104)
　　第一節　常見稅種 ··· (104)
　　第二節　辦理稅務登記 ··· (116)
　　第三節　納稅申報與稅款繳納 ··· (120)

第七章　銀行借款實務 ··· (124)
　　第一節　銀行借款 ··· (124)
　　第二節　銀行借款利息 ··· (133)

第八章　證照申辦年檢實務 ··· (139)
　　第一節　組織機構代碼證的申辦與年檢 ··································· (139)
　　第二節　工商營業執照的申辦與年檢 ····································· (140)
　　第三節　貸款證（卡）的申辦與年檢 ····································· (144)

第九章　出納工作交接與出納資料歸檔 ··· (148)
　　第一節　出納工作交接的內容及方法 ····································· (148)
　　第二節　出納資料歸檔 ··· (155)

第一章　出納概述

第一節　出納的涵義、特點與意義

一、出納的涵義

出納，作為會計名詞，在不同的場合有不同的解釋。所謂「出」是指支出、付出，而「納」就是指收入。廣義上說，出納是指收入和發出的管理工作及其工作人員，它包括「出納工作」和「出納人員」兩種涵義。

(一) 出納工作

出納工作是管理貨幣資金、票據、有價證券收付的一項工作。具體地說，出納是按照有關規定和制度，辦理本單位的現金收付、銀行結算及有關帳務，保管庫存現金、有價證券、財務印章及有關票據等工作的總稱。從廣義上講，只要是票據、貨幣資金和有價證券的收付、保管、核算，都屬於出納工作。狹義的出納工作則僅指各單位會計部門專設出納崗位或人員的各項工作。

(二) 出納人員

出納人員簡稱「出納」。從廣義上講，出納人員既包括會計部門的出納工作人員，也包括業務部門的各類收款員（收銀員）、工資發放員（專職或兼職）等；從狹義上說，出納人員僅指單位會計部門按照有關制度要求，辦理現金收付、銀行存款及有關帳務結算，並保管庫存現金、有價證券、財務印章及有關票據的人員。一般情況下所稱的出納人員指的是狹義的出納人員。

二、出納工作的特徵

任何工作都有它自身的特點和工作規律。出納是會計工作的組成部分，具有一般會計工作的本質屬性，但它又是一個專門的崗位、一項專門的技術，因此，具有自己專門的工作特點。

(一) 社會性

出納工作擔負著一個單位貨幣資金的收付、存取任務，而這些任務的完成是置身於整個社會經濟活動的大環境之中的，是和整個社會的經濟運轉相聯繫的。只要這個單位發生經濟活動，就必然要求出納員與之發生經濟關係。例如出納人員要經常跑銀

行、要去稅務機關繳稅等。因此，出納工作具有廣泛的社會性。

（二）專業性

出納工作作為會計工作的一個重要崗位，有著專門的操作技術和工作規則。憑證如何填、日記帳怎樣記都很有學問，就連保險櫃的使用與管理也很講究。因此，要做好出納工作，一方面要求經過一定的職業教育，另一方面也需要在實踐中不斷累積經驗，掌握其工作要領，熟練使用現代化辦公工具。

（三）政策性

出納工作是一項政策性很強的工作，它的每一環節都必須依照國家規定進行。例如辦理現金收付要按照國家現金管理規定進行，辦理銀行結算業務要根據國家銀行結算辦法進行。《中華人民共和國會計法》（以下簡稱《會計法》）、《會計基礎工作規範》等法規都把出納工作並入會計工作中，並對出納工作提出具體規定和要求。出納人員必須掌握這些政策法規，才能做好出納工作；不按這些政策法規辦事，就要違反財經紀律。

（四）時間性

出納工作具有很強的時間性，何時發放職工工資，何時核對銀行對帳單等，都有嚴格的時間要求，一天都不能延誤。因此，出納員心裡應有個時間表，及時辦理各項工作，保證出納工作質量。

第二節　出納員的職責、工作規範和權限

一、出納員的職責

出納的基本職能是核算和監督。出納是會計工作的重要環節，涉及的是現金收付、銀行結算等活動，而這些又直接關係到職工個人、單位乃至國家的經濟利益，工作出了差錯，就會造成不可挽回的損失。因此，明確出納人員的職責和權限，是做好出納工作的前提條件。根據《會計法》《會計基礎工作規範》等財經法律法規，出納員具有以下職責：

（1）按照國家有關現金管理和銀行結算制度的規定，辦理現金收付和銀行結算業務。出納員應嚴格遵守現金開支範圍，非現金結算範圍不得用現金收付；遵守庫存現金限額，超限額的現金按規定及時送存銀行；現金管理要做到日清月結，帳面餘額與庫存現金每日下班前應核對，發現可能存在的問題，及時查對；銀行存款帳與銀行對帳單也要及時核對，如有不符，應立即通知銀行調整。

（2）根據會計制度的規定，在辦理現金和銀行存款收付業務時，要嚴格審核有關原始憑證，再據以編製收付款憑證，然後根據編製的收付款憑證逐筆順序登記現金日記帳和銀行存款日記帳，並結出餘額。

（3）按照國家外匯管理和結匯、購匯制度的規定及有關批件，辦理外匯出納業務。

外匯出納業務是政策性很強的工作，隨著改革開放的深入發展，國際間經濟交往日益頻繁，外匯出納也越來越重要。出納人員應熟悉國家外匯管理制度，及時辦理結匯、購匯、付匯，避免國家外匯損失。

（4）掌握銀行存款餘額，不得簽發空頭支票，不得出租、出借銀行帳戶為其他單位辦理結算。這是出納員必須遵守的一條紀律，也是防止經濟犯罪、維護經濟秩序的重要方面。出納員應嚴格控制支票和銀行帳戶的使用和管理，從出納這個崗位上防止結算漏洞。

（5）保證庫存現金和各種有價證券（如國庫券、債券、股票等）的安全與完整。要建立適合本單位情況的現金和有價證券保管責任制，如發生短缺，屬於出納員責任的要進行賠償。

（6）保管有關印章、空白收據和空白支票。印章、空白票據的安全保管十分重要，在實際工作中，因丟失印章和空白票據給單位帶來經濟損失的不乏其例。對此，出納員必須高度重視，建立嚴格的管理辦法。通常，單位財務公章和出納員名章要實行分管，交由出納員保管的出納印章要嚴格按規定用途使用，各種票據要辦理領用和註銷手續。

二、出納崗位工作規範

（一）出納工作崗位的設置

各個企業的實際情況不同，出納工作的組織內容也不盡相同，但無論哪一種形式，一般都要設置合理的出納機構，配備必要的出納人員，並建立各種內部工作規章制度等。

出納機構一般設置在會計機構內部，如各企事業單位財務科、財務處內部設置專門處理出納業務的出納組、出納室。《會計法》第三十六條規定：「各單位應當根據會計業務的需要，設置會計機構，或者在有關機構中設置會計人員並指定會計主管人員；不具備設置條件的，應當委託經批准設立從事會計代理記帳業務的仲介機構代理記帳。」《會計法》對各單位會計、出納機構與人員的設置並沒有硬性規定，而是讓企業根據自身情況和實際需要來設定。因此企業應結合自身經濟活動的規模、特點、業務量的大小等進行機構設置和人員配置。以工業企業為例，大型企業可在財務處下設出納科，中型企業可在財務科下設出納室，小型企業可在財務股下配備專職出納員。有些主管公司，為了資金的有效管理和總體利用效益，把若干分公司的出納業務（或部分出納業務）集中起來辦理，成立專門的內部「結算中心」。這種結算中心，實際上也是出納機構。

（二）出納人員的配備

一般來講，實行獨立核算的企業單位，在銀行開戶的行政事業單位，有經常性現金收入和支出業務的企業、行政事業單位都應配備專職或兼職出納人員，擔任本單位的出納工作。出納人員配備的多少，主要取決於本單位出納業務量的大小和繁簡程度，要以業務需要為原則，既要滿足出納工作量的需要，又要避免人浮於事的現象。一般

可採用一人一崗、一人多崗、一崗多人等幾種形式。

1. 一人一崗

規模不大的單位，出納工作量不大，可設專職出納員一名。

2. 一人多崗

規模較小的單位，出納工作量較小，可設兼職出納員一名。如無條件單獨設置會計機構的單位，至少要在有關機構中（如單位的辦公室、后勤部門等）配備兼職出納員一名。但兼職出納不得兼管收入、費用、債權、債務帳目的登記工作及稽核工作和會計檔案保管工作。

3. 一崗多人

規模較大的單位，出納工作量較大，可設多名出納員。如分設管理收付的出納員和管帳的出納員，或分設現金出納員和銀行結算出納員等。

（三）出納人員的內部分工

單位規模較大、業務複雜、出納人員有 2 名以上的單位，要對出納部門內部實行崗位責任制，從管理要求和工作便利等方面綜合考慮，對出納人員的工作要進行明確分工。通常可按現金與銀行存款、銀行存款的不同戶頭、票據與有價證券的辦理等工作性質上的差異進行分工。也可以將整個出納工作劃分為不同的階段和步驟，按工作階段和步驟進行分工。對於公司內部結算中心式的出納機構中的人員分工，還可以按不同分公司定崗定人。

（四）出納工作的迴避要求

由於出納工作的特殊性，特定人員需要迴避。《會計基礎工作規範》第十六條規定：「國家機關、國有企業、事業單位任用會計人員應當實行迴避制度。」

單位領導人的直系親屬不得擔任本單位的會計機構負責人、會計主管人員。會計機構負責人、會計主管人員的直系親屬不得在本單位會計機構中擔任出納工作。

需要迴避的親屬關係為：夫妻關係、直系血親關係、三代以內旁系血親以及配偶關係。

（五）出納工作的流程

出納人員每天要處理大量的經濟業務，協調各方面的經濟利益關係，如何才能提高工作效率、保證工作質量呢？這就需要制定一個合理而有效的工作流程，使出納工作有條不紊地進行，滿足單位財務管理的需要。

出納人員辦理資金收支業務要求有章可循，並按照規定的程序進行業務處理，才能保證出納工作的質量。出納工作的一般流程是：

1. 清楚收入的金額和來源

出納人員在收到一筆資金之前，應當清楚地知道要收到多少錢，收誰的錢，收什麼性質的錢，再按不同的情況進行分析處理。其基本業務如下：

（1）確定收款金額。如為現金收入，應考慮庫存限額的要求。

（2）明確付款人。出納人員應當明確付款人的全稱和有關情況，對於收到的背書

支票或其他代為付款的情況，應由經辦人加以註明。

（3）收取銷售或勞務性質的收入。出納人員應當根據有關的銷售（或勞務）合同確定收款額是否按協議執行，並對預收帳款、當期實現的收入和收回以前欠款分別進行處理，保證帳實一致。

（4）收回代付、代墊及其他應付款。出納人員應當根據帳務記錄確定其收款額是否相符，具體包括單位為職工代付的水電費、房租、保險費、個人所得稅，職工的個人借款和差旅費借款，單位交納的押金等。

2．清點收入

出納員在清楚收入的金額和來源后，要進行清點核對。清點核對時應沉著冷靜，不要圖快。其業務如下：

（1）現金清點。現金收入應與經辦人當面點清，在清點過程中出納人員發現短缺、假鈔等特殊問題，應由經辦人負責。

（2）銀行核實。銀行結算收入應由出納人員與銀行相核對，如為電話詢問或電話銀行查詢的，只能作為參考，在取得銀行有關的收款憑證后，方可正式確認收入，進行帳務處理。

（3）清點核對無誤后，按規定開具發票或內部使用的收據。如收入金額較大的，應及時上報有關領導，便於資金的安排調度，手續完畢后，在相關收款收據上加蓋「收訖」章。如清點核對並開出單據后，再發現現金短缺或假鈔，應由出納人員負責。

3．收入退回

如因特殊原因導致收入退回的，如支票印鑒不清、收款單位帳號錯誤等，應由出納人員及時聯繫有關經辦人或對方單位，重新辦理收款。

4．明確支出的金額和用途

出納人員支付每一筆資金的時候，一定要知道準確的付款金額，合理安排資金。

（1）明確收款人。出納人員必須嚴格按合同、發票或有關依據記載的收款人進行付款。對於代為收的，應當讓現收款人出具原收款人證明材料並與原收款人核實后，方可辦理付款手續。

（2）明確付款用途。對於不合法、不合理的付款應當堅決予以抵制，並向有關領導匯報，行使出納人員的工作權力。用途不明的，出納人員可以拒付。

5．付款審批

由經辦人填製付款單證，註明付款金額和用途，並對付款事項的真實性和準確性負責。

（1）有關證明人的簽章。經辦人的付款用途中涉及實物的，應當由倉庫保管員或實物負責人簽收；涉及差旅、銷售等費用的，應當由證明人或知情人加以證明。

（2）有關領導的簽字。收款人持證明手續完備的付款單據，報有關領導審閱並簽字。

（3）到財務部門辦理付款。收款人持內容完備的付款證明，報經會計審核后，由出納辦理付款。

6．辦理付款

付款是資金支出中最關鍵的一環，出納人員應當特別謹慎，要用如履薄冰的態度

認真對待，因為款一旦付出，發生差錯是很難追回的。因此要嚴格核實付款金額、用途及有關審批手續。

（1）現金付款，雙方應當面點清。

（2）銀行付款，開具支票時，出納人員應認真填寫各項內容，保證要素完整、印鑒清晰、書寫正確。如為現金支票，應附領票人的姓名、身分證號碼及單位證明，辦理轉帳或匯款時，出納人員書寫準確、清晰、完整，保證收款人能按時收到款項。

（3）付款金額雙方確認后，由收款人簽字並加蓋「付訖」章。如為轉帳或匯款的，銀行單據可直接作為已付款證明。如確認簽字后，再發現現金短缺或其他情況，應由收款經辦人負責。

7. 付款退回

如因特殊原因造成支票或匯款退回的，出納人員應當立即查明原因；如因我方責任引起，應換開支票或重新匯款，不得借故拖延；如因對方責任引起，應由對方重新補辦手續。

三、出納員的權限

根據《會計法》《會計人員職權條例》《會計人員工作規則》等法律法規，出納員具有以下權限：

（1）維護財經法紀，執行會計制度，抵制不合法的收支和弄虛作假行為。對不真實、不合法的原始憑證，不予受理；對記載不準確、不完整的原始憑證，予以退回，要求更正、補充。會計機構、會計人員發現帳簿記錄與實物、款項不符的時候，應當按照有關規定進行處理；無權自行處理的，應當立即向本單位領導人報告，請求查明原因，做出處理。

會計機構、會計人員對違法的收支，應當制止和糾正；制止和糾正無效的，應當向單位領導人提出書面意見，要求處理。單位領導人應當自接到書面意見之日起 10 日內做出書面決定，並對決定承擔責任。

對嚴重違法損害國家和社會公眾利益的收支，會計機構、會計人員應當向主管單位或者財政、審計、稅務機關報告，接到報告的機關應當負責處理。

（2）參與貨幣資金計劃定額管理的權力。

（3）管理貨幣資金的權力。

第三節 出納的基本技能

一、人民幣真假識別技能

鑑別假幣首先應瞭解目前使用的人民幣的特點。自 1948 年 12 月 1 日發行第一套人民幣至今，中國先後發行了五套人民幣，其中第一套、第二套、第三套已不再使用，目前正在使用的是第四套和第五套人民幣，以第五套人民幣為主。

（一）人民幣的特點

1. 第四套人民幣的特點

1987年4月27日起中國陸續發行第四套人民幣，至1997年4月1日止，共發行了9種面額，14種票券。其中1角券1種，2角券1種，5角券1種；1元券3種，2元券2種，5元券1種；10元券1種，50元券2種，100元券2種。第四套人民幣具有以下特點：

（1）體現了政治性與藝術性的有機結合。在團結一致建設有中國特色社會主義的主題思想下，一方面以我黨老一輩革命家、工人、農民、知識分子、民族人物像體現政治性，另一方面通過中國名山大川、名勝古跡、民族圖案等體現藝術性，整個畫面絢麗多彩，栩栩如生，表現了中國貨幣的獨特風格。

（2）突出了防偽性能。這主要表現在：一是在設計、制版上採用了複雜的雕刻技術，不易造假。二是鈔票用紙採用了滿版古錢水印和固定人物頭像水印，表現出明暗層次。三是首次使用安全線，工藝技術很高。四是採用了熒光油墨和磁性油墨，以及其他防偽技術。防偽性能的加強，也反應了中國印鈔技術水平的提高。

2. 第五套人民幣的特點

1999年10月1日起全國陸續發行第五套人民幣，其券別共有8種，即100元、50元、20元、10元、5元、1元6種主幣，5角、1角2種輔幣。第五套人民幣發行後，第四套人民幣仍可繼續流通使用，即兩套人民幣在市場上並行混合使用。第五套人民幣與前4套人民幣相比有如下一些鮮明的特點：

（1）由中國人民銀行首次完全獨立設計與印製，其印製技術已達到國際先進水平。

（2）通過有代表性的圖案，進一步體現出我們偉大祖國悠久的歷史和壯麗的山河，具有鮮明的民族性。

（3）主景人物、水印、面額數字均較以前放大，更便於識別。

（4）應用了先進的科學技術，在防偽性能和適應貨幣處理現代化方面有了較大提高，可以說是一套科技含量較高的人民幣。

（5）在票幅尺寸上進行了調整，票幅寬度未變，長度縮小。另外，面額結構也進行了一些調整，取消了2元券和2角券，增加了20元券。

（二）假人民幣種類及類型

假人民幣是指仿照真人民幣紙張、圖案、水印、安全線等原樣，利用各種技術手段非法製作的偽幣。假幣按照其製作方法和手段，大體可分為兩種類型，即偽造幣和變造幣。

偽造幣是依照人民幣真鈔的用紙、圖案、水印、安全線等的原樣，運用各種材料、器具、設備、技術手段模仿製造的人民幣假鈔。偽造幣由於其偽造的手段不同，又可分為手工的、機制的、拓印的、複印的等類別。

變造幣是利用各種形式、技術、方法等，對人民幣真鈔進行加工處理，改變其原有形態，並使其升值的人民幣假鈔。變造幣按其加工方法的不同，又可分為塗改的、挖補剪貼的、剝離揭頁的等類別。

（三）識別人民幣真假的基本方法

主要識別方法是比較法。

1. 紙張識別

人民幣紙張採用專用鈔紙，其主要成分為棉短絨和高質量木漿，具有耐磨、有韌度、挺括、不易折斷、抖動時聲音脆響等特點；假幣紙張綿軟、韌性差、易斷裂，抖動時聲音沉悶。

2. 水印識別

人民幣水印是在造紙中採用特殊工藝使紙纖維堆積而形成的暗記，分滿版和固定水印兩種。如現行人民幣1元、5元券為滿版水印暗記，10元、50元、100元券為固定人頭像水印暗記。其特點是層次分明、立體感強、透光觀察清晰。而假幣特點是水印模糊、無立體感、變形較大，用淺色油墨加印在紙張正、背面，不需迎光透視就能看到。

3. 凹印技術識別

真幣的技術特點是圖像層次清晰、色澤鮮豔濃鬱、立體感強、觸摸有凹凸感，如1元券、5元券、10元券人民幣在人物、字體、國徽、盲文點處都採用了這一技術。而假幣圖案平淡、手感光滑、花紋圖案較模糊，並由網點組成。

4. 熒光識別

1999年版50元、100元人民幣分別在正面主景圖兩側印有在紫外光下顯示紙幣面額的阿拉伯數字「100」或「50」和漢語拼音「YIBAI」或「WUSHI」的金黃色熒光反應，但整版紙張無任何反應，而假幣一般沒有熒光暗記，個別的雖有熒光暗記，但與真幣比較顏色有較大差異，並且紙張會有較明亮的藍白熒光屏反應。

5. 安全線識別

真幣的安全線是立體實物與鈔紙融為一體，有凸起的手感。假幣一般是印上或畫上的顏色，如加入立體實物，會出現與票面皺褶分離的現象。此外，還可借助儀器進行檢測，可用紫外光、放大鏡、磁性安全線識別器等簡便儀器對可疑票券進行多種檢測。

二、點鈔技術

點鈔可分為手工點鈔和機具點鈔，機具點鈔易學易懂。目前，雖然許多單位配備了點鈔機，但由於種種原因，機器點完後，出納人員往往還要用手工再行點驗。這就要求出納人員必須熟練掌握一種機器點鈔和幾種手工點鈔的方法，刻苦訓練，以達到能夠既快又準地點驗鈔票。

（一）點鈔的基本程序

出納員在辦理現金收付業務時，一般應按下列程序辦理：

（1）首先應審查現金收、付款憑證及其所附原始憑證的內容，看其是否填寫齊全、清楚、兩者內容是否一致。

（2）其次依據現金收、付款憑證的金額，先點整數，再點零數。具體說就是先點大額票面金額，再點小額票面金額，先點成捆、成把、成卷的，再點零數。注意在點

數過程中應邊點數、邊在算盤或計算器上加計金額，點數完畢，算盤或計算器上的數字和現金收、付款憑證上的金額應相同。

（3）從整數至零數，逐捆、逐把、逐卷地拆捆點數，在拆捆、拆把、拆卷時應暫時保存原有的封簽、封條和封紙，點數無誤后才可扔掉。

（4）點數無誤后，即可辦理具體的現金收付業務。

（二）點鈔的常用方法

手工點鈔的方法很多。根據持票姿勢不同，又可劃分為手按式點鈔方法和手持式點鈔方法。手按式點鈔方法，是將鈔票放在臺面上操作；手持式點鈔方法是在手按式點鈔方法的基礎上發展而來的，其速度遠比手按式點鈔方法快。

手持式點鈔方法，根據指法不同又可分為單指單張、單指多張、多指多張、扇面式點鈔四種。下面僅介紹多指多張、扇面式點鈔方法。

1. 多指多張點鈔法

多指多張點鈔法是指點鈔時用小指、無名指、中指、食指依次捻下一張鈔票，一次清點四張鈔票的方法，也叫四指四張點鈔法。這種點鈔法適用於收款、付款和整點工作，不僅省力、省心、效率高，而且能夠逐張識別假鈔票和殘破鈔票。

（1）持鈔。用左手持鈔，中指在前，食指、無名指、小指在后，將鈔票夾緊，四指同時彎曲將鈔票輕壓成瓦形，拇指在鈔票的右上角外面，將鈔票推成小扇面，然後手腕向裡轉，使鈔票的右裡角抬起，右手五指準備清點。

（2）清點。右手腕抬起，拇指貼在鈔票的右裡角，其餘四指同時彎曲並攏，從小指開始每指捻動一張鈔票，依次下滑四個手指，每次下滑動作捻下四張鈔票；循環操作，直至點完一百張。

2. 扇面式點鈔法

把鈔票捻成扇面狀進行清點的方法叫扇面式點鈔法。這種點鈔方法速度快，是手工點鈔中效率最高的一種。但它只適合清點新票幣，不適合清點新、舊、破混合鈔票。

（1）持鈔。鈔票豎拿，左手拇指在票前下部中間票面約1/4。食指、中指在票后同拇指一起卡住鈔票，無名指和小指蜷向手心。右手拇指在左手拇指的上端，用虎口從右側卡住鈔票成瓦形，食指、中指、無名指、小指均橫在鈔票背面，作開扇準備。

（2）開扇。開扇是扇面點鈔的一個重要環節，扇面要開均勻，為點數打好基礎，做好準備。其方法是：以左手為軸，右手食指將鈔票向胸前左下方壓彎，然後再猛向右方閃動，同時右手拇指在票前向左上方推動鈔票，食指、中指在票后用力向右捻動，左手指在鈔票原位置向逆時針方向畫弧捻動，食指、中指在票后用力向左上方捻動，右手手指逐步向下移動，至右下角時即可將鈔票推成扇面形。如有不均勻的地方，可雙手持鈔抖動，使其均勻。打扇面時，左右兩手一定要配合協調，不要將鈔票捏得過緊，如果點鈔時採取一按十張的方法，扇面要開小些，便於清點。

（3）點數。左手持扇面，右手中指、無名指、小指托住鈔票背面，拇指在鈔票右上角一厘米處，一次按下五張或十張；按下后用食指壓住，拇指繼續向前按第二張，以此類推。同時左手應隨右手點數速度向內轉到扇面，以迎合右手按動，直到點完一

百張為止。

（4）記數。採用分組記數法。一次按五張為一組，記滿二十組為一百張；一次按十張為一組，記滿十組為一百張。

（5）合扇。清點完畢合扇時，將左手向右倒，右手托住鈔票右側向左合攏，左右手指向中間一起用力，使鈔票豎立在桌面上，兩手松攏輕墩，把鈔票墩齊，準備扎把。

3. 機器點鈔技術

機器點鈔就是用點鈔機代替部分手工點鈔，其速度是手工點鈔的幾倍，從而大大提高了點鈔的工作效率並減輕了出納人員的工作強度。

出納人員在進行機器點鈔之前，先安放好點鈔機，將點鈔機放置在操作人員順手的地方，一般是放置在操作人員的正前方或右上方；安放好後必須對點鈔機進行調整和試驗，力求轉速均勻、下鈔流暢、落鈔整齊、點鈔準確。機器點鈔的操作方法如下：

（1）打開點鈔機的電源開關和計數器開關。

（2）放鈔。取過鈔票，右手橫握鈔票，將鈔票捻成前高後低的坡形後橫放在點鈔機的點鈔板上，放時順點鈔板形成自然斜度，如果放鈔方法不正確會影響點鈔機的正常清點。

（3）監視點鈔。鈔票進入點鈔機後，點鈔人員的目光要迅速跟住輸鈔帶，檢查是否有夾雜券、破損券、假鈔或其他異物。

（4）取票。當鈔票全部下到積鈔臺後，看清計數器顯示的數字並與應點金額相符後，以左手食指、中指將鈔票取出。

如果還有鈔票需要點驗，再重複上述步驟即可。

4. 整點硬幣的方法

在實際工作中整點硬幣一般有兩種方法：手工整點硬幣和工具整點硬幣。手工清點硬幣一般包括整理、清點、記數等步驟。

（1）整理。清點硬幣前，應先將不同面值的硬幣分類碼齊排好，一般五枚或十枚為一堆。

（2）清點。將硬幣從右向左分組清點，用右手拇指和食指持幣分組點數。

（3）計數。用中指分開查看各組數量並復點無誤後，即可計算金額，完成硬幣清點工作。

三、數字的書寫技能和計算技能

（一）數字的書寫技能

出納人員要填製憑證、記帳、結帳和對帳，經常要書寫大量的數字，進行規範的財務書寫是出納人員必須掌握的重要基本功。如果數字書寫不正確、不清晰、不符合規範，就會帶來很大的麻煩。因此客觀上要求出納人員掌握一定的書寫技能，使書寫的數字清晰、整潔、正確並符合規範化的要求。

1. 小寫金額數字的書寫

小寫金額是用阿拉伯數字來書寫的，具體書寫要求如下：

（1）阿拉伯數字應當從左到右一個一個地寫，不得連筆。

在書寫數字時，每一個數字都要佔有一個位置，這個位置稱為數位。數位自小到大，是從右向左排列的，但在書寫數字時卻是自大到小、從左到右的。書寫數字時字跡要工整，排列要整齊有序且有一定的傾斜度（數字與底線應成 60 度左右的傾斜），並以向左下方傾斜為好；同時，書寫的每位數字要緊靠底線但不要頂滿格（行），一般每格（行）上方預留 1/3 或 1/2 空格位置，用於以后修訂錯誤記錄時使用。

（2）阿拉伯數字前面應當書寫貨幣幣種符號或者貨幣名稱簡寫。

幣種符號與阿拉伯數字金額之間不得留有空白。凡阿拉伯數字前寫有幣種符號，數字后面不再寫貨幣單位。人民幣符號為「￥」。

（3）角分書寫情況。

所有以元為單位的阿拉伯數字，除表示單價等情況外，一律填寫到角分；無角分的，角位和分位可寫「0」；有角無分的，分位應當寫「0」，不得用符號「—」代替。

（4）各個數字的書寫基本要求。

「1」字不能寫得比其他數字短，以免篡改；

「2」字不能寫成「Z」，以免改做 3；

「3」字要使起筆處到轉彎處距離稍長，不應太短，同時轉彎處要光滑，避免被誤認為 5；

「4」字的「∠」要寫成死折，使其不易改做 6；

「5」字的短橫與「稱鉤」必須明顯，以防與 8 混淆；

「6」字起筆要伸至上半格四分之一處，下圈要明顯，使其不易改做 4 或 8；

「7」字上端一橫要既明顯又平直，折劃不得圓滑，易與 1 和 9 相區別；

「8」字要注意上下兩圈兒明顯可見，且上圈比下圈稍小；

「9」字的小圈兒要閉合，並且一豎要稍長，略出行，使其不易與 4 混淆；

「0」字不要寫小，並要閉合，以免改做 9，連寫幾個「0」時，不要寫成連線。

2. 大寫金額數字的書寫

大寫金額是用漢字大寫數字零、壹、貳、叁、肆、伍、陸、柒、捌、玖、拾、佰、仟、萬、億等來書寫的。具體書寫要求如下：

（1）以上漢字大寫數字一律用正楷或者行書體書寫，不得用零、一、二、三、四、五、六、七、八、九、十、千等簡化字代替，不得任意自造簡化字。

（2）大寫金額數字到元或者角為止的，在「元」或者「角」字之后應當寫「整」或「正」字。

（3）大寫金額數字前未印有貨幣名稱的，應當加填貨幣名稱，貨幣名稱與金額數字之間不得留有空白。

（4）阿拉伯金額數字中間有「0」時，漢字大寫金額要寫「零」字，阿拉伯金額數字中間連續有幾個「0」時，漢字大寫金額中可以只寫一個「零」字。比如「￥2008」，應寫成「人民幣貳仟零捌元正」。阿拉伯金額數字元位是「0」，或者數字中間連續有幾個「0」，元位也是「0」，但角位不是「0」時，漢字大寫金額可以只寫一個「零」字，也可不寫「零」字。比如「￥2800.5」，應寫成「人民幣貳仟捌佰元零伍角正」，也可

以寫成「人民幣貳仟捌佰元伍角正」。

（5）大寫金額中「壹拾幾」「壹佰（仟、萬）幾」的「壹」字，一定不能省略，必須書寫。因為，「拾、佰、仟、萬、億」等字僅代表數位，並不是數字，數位前要有數字。

(二) 數字的計算技能

在日常出納業務中，有大量的數據需要通過正確地計算才能準確無誤。因此，要求出納掌握常用的計算技術。算盤是傳統的計算工具，出納人員必須熟練地掌握算盤操作方法。打好算盤是出納的基本功之一，珠算知識和珠算技能是出納必備的。同時，出納人員也要學會並熟練地使用電子計算器。有條件的單位配備電子計算機後，出納人員也應熟練操作計算機，利用計算機進行計算和做帳。

四、填製和審核出納憑證的基本技能

出納填製的憑證主要是各種貨幣收支原始憑證，如開出的發票或收據、填寫的支票等票據。出納員還會填製根據現金收付業務的原始憑證編製的記帳憑證。

(一) 原始憑證

原始憑證又稱單據，是在經濟業務發生或完成時取得或填製的，用以記錄和證明經濟業務的發生或完成情況的書面證明，它是會計核算的原始資料和重要依據，是登記會計帳簿的原始依據。不能證明經濟業務發生和完成情況的各種單據是不能作為原始憑證的，例如銀行存款對帳單等。原始憑證是具有法律效力的最初書面證明，是記帳的原始依據，是會計核算的基礎。

1. 原始憑證的種類

原始憑證按照來源不同，分為外來原始憑證和自制原始憑證。

（1）外來原始憑證是指在經濟業務發生或完成時，從其他單位或個人直接取得的原始憑證。例如出差人員用來報銷的火車票、飛機票等。

（2）自制原始憑證是指在經濟業務發生或完成時，由本單位內部經辦業務的部門和人員填製的原始憑證。此類原始憑證僅供單位內部使用，如企業的材料入庫單、出庫單等。

自制原始憑證按照填製方法不同，分為一次憑證、累計憑證和匯總憑證。

①一次原始憑證是指一次填製完成、只記錄一項經濟業務的原始憑證，如收料單和領料單。

②累計原始憑證是指在一些特定單位為了連續反應某一時期內不斷重複發生而分次進行的特定業務，需要在一張憑證中連續、累計填列該項特定業務的具體情況的憑證，如生產企業的限額領料單。

③匯總原始憑證是指對一定時期內發生的同類經濟業務的若干原始憑證，按照一定方法匯總以后填製的原始憑證。編製匯總的原始憑證可簡化記帳憑證的編製和帳簿的登記工作。

2. 原始憑證的基本要素

原始憑證都必須具備以下基本內容及一些基本要素，這些基本內容和要素主要包括以下 7 個方面：

（1）原始憑證的名稱；
（2）原始憑證填製日期即經濟業務發生日期；
（3）填製憑證單位的名稱及公章或專用章；
（4）經辦人或責任人的簽名或蓋章；
（5）接受憑證單位的名稱；
（6）經濟業務的內容；
（7）經濟業務的數量、計量單位、單價和金額。

3. 原始憑證的填製

填製原始憑證要由填製人員將各項原始憑證要素按規定方法填寫齊全，辦妥簽章手續，明確經濟責任。

原始憑證的填製有三種形式，一是根據實際發生或完成的經濟業務，由經辦人員直接填列；二是根據已經入帳的有關經濟業務，由會計人員利用帳簿資料進行加工整理填列；三是根據若干張反應同類經濟業務的原始憑證定期匯總填列匯總原始憑證。

原始憑證的種類不同，其具體填製方法和填製要求也不盡一致，但都應按下列要求填製原始憑證：

（1）符合實際情況。憑證填製的內容、數字等，必須根據實際情況填列，確保原始憑證所反應的經濟業務真實可靠、符合實際情況。

（2）明確經濟責任。填製的原始憑證必須由經辦人員和部門簽章。

（3）填寫內容齊全。原始憑證的各項內容，必須詳盡地填寫齊全，不得遺漏，而且憑證的各項內容，必須符合內部牽制原則。

（4）書寫格式要規範。原始憑證要用藍色或黑色筆書寫，字跡清楚、規範，填寫支票必須使用碳素筆，屬於需要套寫的憑證，必須一次套寫清楚，合計的小寫金額前應加註幣值符號，如「￥」「＄」等。

4. 原始憑證的審核

從外表形式上審核，應注意原始憑證的填製內容是否齊全，手續是否齊備，數字計算是否正確，大小寫金額是否相符，有關經辦人員簽章以及主管人員審批意見是否齊全等。

從經濟業務內容上審核，應注意原始憑證所記錄的經濟業務是否真實、合理、合法，是否符合審批權限和手續，收支是否符合財經紀律及本單位規章，經濟業務中有無弄虛作假、鋪張浪費的行為。

在審核原始憑證的過程中，對於真實、合理、合法的憑證應及時入帳。如果發現問題，應根據不同情況分別處理：如屬技術性錯誤，如數字計算有誤、手續不齊等可退回補辦、更正錯誤；如屬超計劃的預支領用等，應提交有關責任部門處理；如發現違章違紀、弄虛作假、偽造塗改的原始憑證，會計人員應扣留憑證，並拒付款項，及時向上級主管部門匯報。

(二) 記帳憑證

記帳憑證又稱記帳單或分錄憑證，是會計人員根據審核無誤的原始憑證按照經濟業務的內容加以歸類，並據以確定會計分錄后所填製的會計憑證，它是登記會計帳簿的直接依據。

1. 記帳憑證的分類

記帳憑證分為專用記帳憑證與通用記帳憑證兩類。

專用記帳憑證按照所反應的經濟業務內容的不同，分為收款憑證、付款憑證和轉帳憑證。收款憑證是用以記錄庫存現金或銀行存款增加業務的記帳憑證，分為現金收款憑證和銀行存款收款憑證。付款憑證是用以記錄庫存現金或銀行存款減少業務的記帳憑證。轉帳憑證是用以記錄庫存現金和銀行存款以外業務的會計憑證。目前實務中運用比較多的是通用記帳憑證。

2. 記帳憑證的基本要素

記帳憑證必須具備以下基本要素：

（1）記帳憑證的名稱。如「收款憑證」「付款憑證」「轉帳憑證」或「通用憑證」等。

（2）記帳憑證的日期。一般應為編製記帳憑證的當天日期。

（3）記帳憑證的編號。各單位應按月編製記帳憑證的統一編號；如果本單位採用分類記帳憑證時，可將記帳憑證分為「現收字第×號」「現付字第×號」「銀收字第×號」「銀付字第×號」「轉字第×號」五種進行流水順序編號。如果本單位採用通用記帳憑證，則可以將所有的記帳憑證統一編號，註明「總字第×號」。

（4）經濟內容摘要。憑證的「摘要」欄應簡明扼要地說明經濟業務內容。

（5）會計分錄內容。按照借貸記帳法的原則編製的會計帳戶對應關係，分為會計科目名稱（包括總帳科目和明細科目）、金額和記帳的借貸方向。會計分錄內容是記帳憑證的最基本要素。

（6）所附原始憑證張數。

（7）有關人員的簽章。這包括填製憑證人員、稽核人員、記帳人員、會計機構負責人、會計主管人員簽名或者蓋章。收款和付款憑證還應當由出納人員簽名或者蓋章。

（8）記帳符號。在記帳憑證記帳后，在憑證的「記帳符號」欄內打「√」符號。

3. 記帳憑證的填製

記帳憑證的填製應注意以下幾點：

（1）憑證應按順序編號。記帳憑證必須按月分類連續編號，以便分清會計事項處理的先后順序和日后與帳簿記錄核對，確保記帳憑證完整無缺。單位應根據單位規模、業務量大小對記帳憑證進行具體分類，無論哪一類編號，都必須做到按月、分類、依序。

採用復式記帳的記帳憑證一般是一張憑證編一個號。如果發生複雜的經濟業務，需要連續編製兩張或兩張以上的記帳憑證時，應加編分號。例如28號會計分錄有三張記帳憑證，分別編為28（1/3）號、28（2/3）號、28（3/3）號。

（2）憑證的摘要應當明確。

（3）填列會計科目名稱和編號，不能只填科目編號不寫科目名稱；需要登記明細帳的還應註明二級科目和明細科目的名稱，據以登帳。

（4）憑證的金額必須準確。記帳憑證金額填完后應加計金額合計數。合計金額前應加註幣值符號，如人民幣符號「￥」。

（5）附件原始憑證應當同類。出納人員可以根據每一張原始憑證單獨填製記帳憑證，也可以每天根據若幹張同類的原始憑證匯總填製一張記帳憑證，或者先將同類的原始憑證編製一張匯總表，再根據該匯總表編製記帳憑證。

（6）所附原始憑證的張數。除結帳和更正錯誤的記帳憑證可以不附原始憑證外，其他記帳憑證必須附有原始憑證。

附件的張數應用阿拉伯數字填寫。記帳憑證張數計算的原則是：沒有經過匯總的原始憑證，按自然張數計算，有一張算一張；經過匯總的原始憑證，每一張匯總單或匯總表算一張。例如某職工填報的差旅費報銷單上附有車票、船票、住宿發票等原始憑證35張，35張原始憑證在差旅費報銷單上的「所附原始憑證張數」欄內已作了登記；在計算記帳憑證所附原始憑證張數時，這一張差旅費報銷單連同其所附的35張原始憑證一起只能算一張。財會部門編製的原始憑證匯總表所附的原始憑證，一般也作為附件處理，原始憑證匯總表連同其所附的原始憑證算在一起作為一張附件填寫。但是，屬於收、付款業務的，其附件張數的計算要作特殊情況處理，應把匯總表及所附的原始憑證或說明性質的材料均算在其張數內，有一張算一張。

當一張或幾張原始憑證涉及幾張記帳憑證時，可將原始憑證附在其中一張主要的記帳憑證后面，並在摘要欄內註明「本憑證附件包括××號記帳憑證業務」字樣，在其他有關記帳憑證的摘要欄內註明「原始憑證附於××號記帳憑證后面」的字樣。或者在其他記帳憑證上註明附有該原始憑證的記帳憑證的編號或者附有原始憑證複製件。

（7）錯誤憑證的更正。如果在填製記帳憑證時發生錯誤，應當重新填製。如果是已經登記入帳的記帳憑證在當年內發現錯誤，可以用「補充更正法」「紅字更正法」和「劃線更正法」等方法更正；如果發現以前年度記帳憑證有錯誤，應當填製一張更正的記帳憑證。

（8）憑證的簽章。記帳憑證填製完畢后，應由相關部門和人員簽名並蓋章。出納在辦理完款項收付后，除了簽章明確經濟責任外，還應立即加蓋「收訖」或「付訖」戳記。

4．記帳憑證的審核

記帳憑證審核的主要內容有：

（1）記帳憑證各項目填製是否齊全、字跡是否清楚規範、手續是否齊備、有關人員是否皆已簽字蓋章等。

（2）記帳憑證是否附有真實、合法、有效的原始憑證。記帳憑證所填列的附件張數與實際所附的原始憑證張數是否相符。記帳憑證所反應的經濟業務內容和原始憑證所反應的內容是否一致、金額是否相等。在有些情況下，記帳憑證與原始憑證所反應的金額是不相等的。如出現原始單證的金額與報銷金額不一致，必須在原始單據上由

經辦人註明「實際報銷××元」字樣，以明確經濟責任。

（3）會計分錄中會計科目（包括總帳科目、明細科目）和記帳方向是否正確，對應關係是否合理，雙方金額是否相等。

五、出納的保管技能

出納一般除了負責單位上的庫存現金的保管之外，還要負責保管單位的有價證券、印鑒、空白支票、空白發票或收據的管理工作，因此一般來講，各單位都要配備保險櫃供出納使用。出納要學會管理保險櫃，防止這些財物的丟失。

六、辦理銀行票據和結算憑證的技能

貨幣資金收、付時，出納要辦理銀行的各種票據和結算憑證工作。這就要求出納人員熟悉並掌握辦理的基本程序以及各種票據和結算憑證的填製與結算技術。關於銀行的各種票據和結算憑證將在第五章中詳細介紹。

七、出納帳的設置和登記技能

出納要設置和登記現金日記帳與銀行存款日記帳。現金日記帳與銀行存款日記帳的設置和登記將在第二章中詳細介紹。

第四節　出納的日常工作內容

一、貨幣資金核算

出納的貨幣資金管理工作主要包括兩個方面：一是日常貨幣資金收支業務的辦理；二是上述收支業務的帳務核算。具體而言，主要包括以下六個方面：

1. 做好現金收付的核算

嚴格按照國家有關現金管理制度的規定，根據稽核人員審核簽章的收付款憑證進行復核，辦理款項收付。

2. 做好銀行存款的收付核算

嚴格按照銀行《支付結算辦法》的各項規定，按照審核無誤的收入與支出憑證進行復核，辦理銀行存款的收付。

3. 認真登記日記帳，保證日清月結

根據已經辦理完畢的收付款憑證，逐筆序時登記現金和銀行存款日記帳，並結出餘額。銀行存款的帳面餘額及時與銀行存款對帳單核對，保證帳證、帳帳、帳實相符。經常與銀行傳遞來的對帳單進行核對，月末要編製銀行存款餘額調節表，使帳面餘額與對帳單上餘額調節相符。對未達帳款，要及時查詢。要隨時掌握銀行存款餘額，不準簽發空頭支票。

4. 保管庫存現金和有價證券

對現金和各種有價證券，要確保其安全和完整無缺。庫存現金不得超過銀行核定

的限額，超過部分要及時存入銀行。不得以「白條」充抵現金，更不得任意挪用現金。如果發現庫存現金有短缺或盈餘，應查明原因，根據情況分別處理。不得私下取走或補足現金，現金如有短缺，因自身原因造成的，要負賠償責任。對於單位保險櫃密碼、開戶帳號及取款密碼等，不得洩露，更不能任意轉交他人。

5. 保管有關印章，登記註銷支票

出納人員所管的印章必須妥善保管，嚴格按照規定用途使用。簽發支票的各種印章，不得全部交由出納一人保管。一般而言，單位財務專用章由財務主管保管。對於空白收據和空白支票必須嚴格管理，專設登記簿登記，認真辦理領用註銷手續。

6. 復核收入憑證，辦理銷售結算

認真審查銷售業務的有關憑證，嚴格按照銷售合同和銀行結算制度，及時辦理銷售款項的結算，催收銷售貨款。發生銷售糾紛，貨款被拒付時，要通知有關部門及時處理。

二、往來結算

1. 辦理往來結算，建立清算制度

現金結算業務的內容主要包括：企業與內部核算單位和職工之間的款項結算；企業與外部單位不能辦理轉帳手續和個人之間的款項結算；低於結算起點的小額款項結算；根據規定可用於其他方面的結算。對購銷業務以外的各種應付、暫收款項，要及時催收結算，應付、暫收款項，要抓緊清償。對確實無法收回的應收帳款和無法支付的應付帳款，應查明原因，按照規定報經批准後處理。

2. 管理企業的備用金

實行備用金制度的企業，要核定備用金定額，及時辦理領用和報銷手續，加強管理。對預借的差旅費，要督促及時辦理報銷手續，收回餘額，不得拖欠，不準挪用。要建立其他往來款項清算手續制度。對購銷業務以外的暫收、暫付、應收、應付、備用金等債權債務及往來款項，要建立清算手續制度，加強管理及時清算。

3. 核算其他往來款項，防止壞帳損失

對購銷業務以外的各項往來款項，要按照單位和個人分戶設置明細帳，根據審核後的記帳憑證逐筆登記，並經常核對餘額。年終要抄列清單，並向領導或有關部門報告。

三、工資核算

1. 執行工資計劃，監督工資使用

根據批准的工資計劃，會同勞動人事部門，嚴格按照規定掌握工資和獎金的支付，分析工資計劃的執行情況。對於違反工資政策，濫發津貼、獎金的，要予以制止並向領導和有關部門報告。

2. 審核工資單據，發放工資獎金

根據實有職工人數、工資等級和工資標準，審核工資獎金計算表，辦理代扣款項（包括計算個人所得稅、住房公積金、勞保基金、失業保險金等），計算實發工資。

3. 負責工資核算，提供工資數據

按照工資總額的組成和支付工資的來源，進行明細核算。根據管理部門的要求，編製有關工資總額報表。

四、登記帳簿

出納要根據審核正確的，並已經完成了現金、銀行存款收付業務的記帳憑證及所附原始憑證按經濟業務發生的先後順序逐日逐筆地登記現金日記帳、銀行存款日記帳。對每一份收付款會計憑證，在完成了登記日記帳工作后，出納人員應在相應記帳憑證上簽字或蓋章，表示此項經濟業務已經過入有關的日記帳。

五、財產清查

(一) 財產清查的概念

財產清查是指通過對貨幣資金、實物資產和往來款項的盤點或核對，確定其實存數，查明帳存數與實存數是否相符的一種專門方法。出納實務中涉及的財產清查項目主要是貨幣資金清查。

(二) 貨幣資金的清查方法

1. 庫存現金的清查

庫存現金的清查，首先採用實地盤點的方法確定庫存現金的實存數，然後再與庫存現金日記帳的帳面餘額相核對，確定帳存數與實存數是否相等以及盈虧情況。庫存現金的盤點應由清查人員會同出納人員共同負責。

庫存現金清查主要包括兩種情況：

(1) 經常性的現金清查，即由出納人員每日清點庫存現金實有數，並與庫存現金日記帳的帳面餘額核對，這是出納人員日常進行的工作。

(2) 定期或不定期清查，為了加強對出納工作的監督，及時發現可能發生的庫存現金差錯或丟失，防止貪污、盜竊、挪用公款等不法行為的發生，確保庫存現金安全完整，各單位應建立庫存現金清查制度。由有關領導和專業人員組成清查小組，定期或不定期地對庫存現金情況進行清查盤點。重點檢查帳款是否相符、有無白條抵庫、有無私借公款、有無挪用公款、有無帳外資金等違紀違法行為。

清查時，出納人員必須在場，庫存現金由出納人員經手盤點，清查人員從旁監督。同時，清查人員還應認真審核庫存現金收付憑證和有關帳簿，檢查財務處理是否合理合法、帳簿記錄有無錯誤，以確定帳存數與實存數是否相符。

庫存現金盤點結束后，直接填製庫存現金盤點報告表（表1-1），由盤點人員、出納人員及其相關負責人簽名蓋章，並據以調整庫存現金日記帳的帳面記錄。庫存現金盤點報告表是重要的原始憑證，它既有實物財產清查的「盤存單」的作用，又有實存帳存對比表的作用。庫存現金盤點表填製完畢，應由盤點人員和出納員共同簽章方能生效。

表 1-1　　　　　　　　　　庫存現金盤點報告表

單位名稱：　　　　　　　　　　　　年　　月　　日

實存金額	帳存金額	實存與帳存對比		備註
		盤盈（長款）	盤虧（短款）	

盤點人簽章：　　　　　　　　　　出納員簽章：

　　庫存現金盤點報告表由單位內部製單，大同小異，沒有固定的格式，根據單位情況靈活編製即可，但是實存金額、帳存金額以及對比、盤點人和出納員簽章這些因素不能少。

　　2. 銀行存款的清查

　　銀行存款的清查與庫存現金清查不同，銀行存款的清查通過將銀行存款日記帳與開戶銀行轉來的對帳單進行核對，以查明銀行存款的實有數額。銀行存款日記帳與開戶銀行轉來的對帳單不一致的原因有兩個方面：一是雙方或一方記帳有誤；二是存在未達帳項。所謂未達帳項，是指企業與銀行之間由於憑證傳遞上的時間差，一方已登記入帳，另一方因尚未接到憑證而未登記入帳的款項。對於未達帳項，應通過編製銀行存款餘額調節表進行調整。

六、編製出納報告

　　出納人員記帳后，應根據現金日記帳、銀行存款日記帳、有價證券明細帳、銀行對帳單等核算資料，定期編製出納報告單報告本單位一定時期現金、銀行存款、有價證券的收、支、存情況，並與總帳會計核對期末餘額。

第五節　現金、票據及印章的保管

一、現金及有價證券的保管

（一）現金的保管

　　現金的保管，主要是指對每日收取的現金和庫存現金的保管。庫存現金的保管主要注意以下幾個方面：

　　1. 要有專人保管庫存現金

　　庫存現金保管的責任人是出納人員以及其他所屬單位的兼職出納人員。出納人員應選擇誠實可靠、工作責任心強、業務熟練的人員擔任。

　　2. 送取現金要有安全措施

　　向銀行送存現金或提取現金時，一般應有兩人以上，數額較大，途中最好用專箱裝放、專車運送，必要時進行武裝押運。

3. 庫存現金存放要有安全措施

重點是出納辦公室和保險櫃等。出納辦公室應選擇堅固實用的房間，能防潮、防火、防盜、通風，牆壁、房頂要牢固，門、窗要有鐵欄杆或金屬板（網），根據需要可安裝自動報警、監控等裝置。出納人員要配備專用保險櫃，保險櫃應靠出納辦公室的內牆存放，保險櫃鑰匙由出納人員專人保管，不得交由其他人員代管；保險櫃密碼應由出納人員開啟，並做好開啟記錄，嚴格保密；出納員工作變動時，應及時更換密碼。保險櫃的鑰匙或密碼丟失或發生故障，要立即報請領導處理，不得隨意找人修理或配鑰匙。必須更換保險櫃時，要辦理以舊換新的批准手續，註明更換情況備查。

4. 適時進行現金清查

為了確保帳實相符，應對現金進行清查。對現金實存額進行盤點，必須以現金管理的有關規定為依據。不得以「白條」抵存，不得超限額保管現金。對現金進行帳實核對，如發現帳實不符，應立即查明原因，及時更正；對發生的長款或短款，應查找原因，並按規定進行處理，不得以今日長款彌補他日短款。

(二) 有價證券的保管

有價證券是一種具有儲蓄性質的、可以最終兌換成人民幣的票據，種類較多，目前中國發行的有價證券有國庫券、國家重點建設債券、地方債券、金融債券、企業債券和股票等。有價證券是企業資產的一部分，具有與現金相同的性質和價值。有價證券的保管同現金的保管基本一樣，同時要對各種有價證券的票面額和號碼保守秘密。為掌握各種債券到期時間，應建立認購有價證券登記簿。

二、空白支票及空白收據的管理

(一) 空白支票的管理

在銀行存款的額度內，開戶單位均可向開戶銀行領購支票，企業一般都保留一定數量的空白支票以備使用。支票是一種支付憑證，一旦填寫了有關內容，並加蓋在銀行留有印樣的圖章後，即可成為直接從銀行提取現金或與其他單位進行結算的憑據。所以，在空白支票使用上必須加強管理，同時要採取必要措施，妥善保管，以免發生非法使用和盜用、遺失等情況，給國家和企業造成不必要的經濟損失。

存有空白支票的企業，必須明確指定專人妥善保管。要貫徹票、印分管的原則，空白支票和印章不得由一人負責保管。這樣，可以明確責任，形成制約機制，防止舞弊行為。

(二) 空白收據的管理

空白收據即未填製的收據。空白收據一經填製，並加蓋有關印鑒，即可成為辦理轉帳結算和現金支付的一種書面證明，直接關係到資金結算的準確、及時和安全，因此，必須按規定加以保管和使用。

空白收據一般應由主管會計人員保管。要建立空白收據登記簿，填寫領用日期、單位、起始號碼，並由領用人簽字；收據用完后，要及時歸還、核銷。使用單位不得

將收據帶出工作單位使用，不得轉借、贈送或買賣，不得弄虛作假、開具實物與票面不相符的收據，更不能開具存根聯與其他聯不符的收據。作廢的收據要加蓋「作廢」章，各聯要連同存根一起保管，不得撕毀、丟失。

三、印章的保管

出納使用的印章必須妥善保管，嚴格按照規定的用途使用，不得將印章隨意存放或帶出工作單位。用於簽發支票的各種預留銀行印鑒章不能由出納一人保管，一般應由主管會計人員或其他指定人員保管；各種印章的保管應與現金的管理相同，以防違法亂紀人員有機可乘，給國家和單位造成不必要的經濟損失。支票和印鑒必須由兩人分別保管。負責保管的人員不得將印章隨意存放或帶出工作單位。

第二章　出納帳務

第一節　庫存現金日記帳

一、庫存現金日記帳的基本格式

現金日記帳是用來核算和監督現金日常收、付、結存情況的序時帳簿。通過現金日記帳可以全面、連續地瞭解和掌握企業單位每日現金的收支動態和庫存餘額，為日常分析、檢查企業單位的現金收支活動提供資料。現金日記帳的格式主要有三欄式和多欄式兩種。無論採用三欄式還是多欄式現金日記帳，都必須使用訂本帳。

（一）三欄式現金日記帳

三欄式現金日記帳（表2－1）通常設置收入、支出、結餘或借方、貸方、餘額三個主要欄目，用來登記現金的增減變動及其結果。

表2－1　　　　　　　　　三欄式現金日記帳　　　　　　　　　第　　頁

201×年		憑證號		摘　要	對方科目	借方（收入）	貸方（支出）	（結餘）
月	日	收款	付款					

（二）多欄式現金日記帳

為了更清晰地反應帳戶之間的對應關係，瞭解現金變化的來龍去脈，還可以在三欄式日記帳中「收入」和「支出」兩個欄目下，按照現金收、付的對方科目設置專欄，形成多欄式現金日記帳（表2－2）。

表 2-2　　　　　　　　　　　　多欄式現金日記帳

201×年		憑證號		摘要	收入的對方科目				支出的對方科目				結餘
月	日	收款	付款		主營業務收入	應收帳款	…	合計	材料採購	銀行存款	…	合計	

採用多欄式現金日記帳時，按照收入、支出的對應科目分設專欄逐日逐筆登記，到月末結帳時，分欄加計發生額，對全月現金的收入來源、支出去向都可以一目了然，能夠為企業的經濟活動分析和財務收支分析提供詳細具體的資料。但是，在使用會計科目比較多的情況下，多欄式日記帳的帳頁過寬，不便於分工登記，而且容易發生錯欄串行的錯誤。為此，在實際工作中可以將多欄式現金日記帳分設兩本，即分為多欄式現金收入日記帳（表 2-3）和多欄式現金支出日記帳（表 2-4）。

表 2-3　　　　　　　　　　　　現金收入日記帳
　　　　　　　　　　　　　　　　201×年

收款憑證　　　　　　　　　　　　　　　　　　　　　　　　　　　　　第　　頁

月	日	字	號	摘要	貸方科目			收入合計	支出合計	餘額
					銀行存款	其他應收款	營業外收入			
7	1			月初餘額						1,500
	2	銀付	1	從銀行提現	800			800		2,300
	2			轉記					500	1,800
	5			轉記					100	1,700
	6	現收	5	出售廢舊物資			80	80		1,780
	6	現收	6	差旅費餘額交回		50		50		1,830

表 2-4　　　　　　　　　　　　現金支出日記帳
　　　　　　　　　　　　　　　　201×年

付款憑證　　　　　　　　　　　　　　　　　　　　　　　　　　　　　第　　頁

月	日	字	號	摘要	借方科目		支出合計
					其他應收款	管理費用	
7	2	現付	2	預支差旅費	500		500
	5	現付	3	購買辦公用品		100	600

二、庫存現金日記帳的登記

現金日記帳由出納人員根據同現金收付有關的記帳憑證，按時間順序逐日逐筆進行登記，並根據「上日餘額＋本日收入－本日支出＝本日餘額」「期初餘額＋本期增加－本期減少＝期末餘額」的公式，逐日結出現金餘額，與庫存現金實存數核對，以檢查每日現金收付是否有誤。

（一）三欄式現金日記帳的登記

三欄式現金日記帳是由現金出納員根據現金收款憑證，現金付款憑證以及銀行存款、付款憑證（反應從銀行提取現金業務），按照現金收、付款業務和銀行存款、付款業務發生時間的先后順序逐日、逐筆登記。具體登記方法如下：

（1）日期欄：記帳憑證的日期，應與現金實際收付日期一致。

（2）憑證欄：登記入帳的收付款憑證的種類和編號，如現金收（付）款憑證，簡寫為「現收（付）」；銀行存款收（付）款憑證，簡寫為「銀收（付）」。憑證欄還應登記記憑證的編號數，以便於查帳和核對。

（3）摘要欄：摘要說明登記入帳的經濟業務的內容。文字要簡練，但要能說明問題。

（4）對方科目欄：現金收入的來源科目或支出的用途科目。如銀行提取現金，其來源科目（即對方科目）為「銀行存款」。其作用在於瞭解經濟業務的來龍去脈。

（5）收入、支出欄（或借方、貸方）：記錄現金實際收付的金額。每日終了，應分別計算現金收入和付出的合計數，結出餘額，同時將餘額與出納員的庫存現金核對，即通常說的「日清」。如帳款不符應查明原因，並記錄備案。月終同樣要計算現金收、付和結存的合計數，通常稱為「月結」。

（二）多欄式現金日記帳的登記

在實際工作中，如果收付業務較多需要設多欄式現金日記帳，一般常把現金收入業務和支出業務分設「現金收入日記帳」和「現金支出日記帳」兩本帳。其中：現金收入日記帳按對應的貸方科目設置專欄，另設「支出合計」欄和「結餘」欄；現金支出日記帳則只按支出的對方科目（借方）設專欄，不設「收入合計」欄和「結餘」欄。

借貸方分設的多欄式現金日記帳的登記方法是：

（1）先根據有關現金收入業務的記帳憑證登記現金收入日記帳，根據有關現金支出業務的記帳憑證登記現金支出日記帳；

（2）每日營業終了，根據現金支出日記帳結計的支出合計數，一併轉入現金收入日記帳的「支出合計」欄中，並結出當日餘額。

三、登記帳簿的要求

1. 內容準確完整

登記會計帳簿時，應當將會計憑證日期、編號、業務內容摘要、金額和其他有關

資料逐項計入帳內，做到數字準確、摘要清楚、登記及時、字跡工整。對於每一項會計事項，一方面要計入有關的總帳，另一方面要計入該總帳所屬的明細帳。帳簿記錄中的日期，應該填寫記帳憑證上的日期；以自制的原始憑證（如收料單、領料單等）作為記帳依據的，帳簿記錄中的日期應按有關自制憑證上的日期填列。

2. 登記帳簿及時

登記帳簿的間隔時間應該多長，沒有統一的規定，這要看本單位所採用的具體會計核算形式而定，總的來說是越短越好。一般情況下，總帳可以三五天登記一次，明細帳的登記時間間隔要短於總帳，日記帳和債權債務明細帳一般一天就要登記一次。現金、銀行存款日記帳，應根據收、付款記帳憑證，隨時按照業務發生順序逐筆登記，每日終了應結出餘額。經管現金和銀行存款日記帳的專門人員，必須每日掌握銀行存款和現金的實有數，謹防開出空頭支票和影響經營活動的正常用款。

3. 註明記帳符號

登記完畢后，要在記帳憑證上簽名或者蓋章，並註明已經登帳的符號，表示已經記帳。在記帳憑證上設有專門的欄目應註明記帳的符號，以免發生重記或漏記。

4. 書寫留空

帳簿中書寫的文字和數字上面要留有適當空格，不要寫滿格，一般應占格距的1/2。這樣，在一旦發生登記錯誤時，能比較容易地進行更正，同時也方便查帳工作。

5. 正常記帳使用藍黑墨水

登記帳簿要用藍黑墨水或者碳素墨水書寫，不得使用圓珠筆（銀行的復寫帳簿除外）或者鉛筆書寫。在會計上，數字的顏色是重要的語素之一，它同數字和文字一起傳達出會計信息；書寫墨水的顏色用錯了，其導致的概念混亂不亞於數字和文字的錯誤。

6. 特殊記帳使用紅墨水

對在登記帳簿中使用紅色墨水的問題，依據財政部對會計基礎工作規範的規定，下列情況，可以用紅色墨水記帳：①按照紅字衝帳的記帳憑證，衝銷錯誤記錄；②在不設借貸等欄的多欄式帳頁中，登記減少數；③在三欄式帳戶的餘額欄前，如未印明餘額方向的，在餘額欄內登記負數餘額；④根據國家統一會計制度的規定可以用紅字登記的其他會計記錄。

7. 順序連續登記

各種帳簿應按頁次順序連續登記，不得跳行、隔頁。如果發生跳行、隔頁，應當將空行、空頁劃線註銷，或者註明「此行空白」「此頁空白」字樣，並由記帳人員簽名或者蓋章。這對避免在帳簿登記中可能出現的漏洞，是十分必要的防範措施。

8. 結出餘額

凡需要結出餘額的帳戶，結出餘額后，應當在「借或貸」等欄內寫明「借」或者「貸」等字樣。沒有餘額的帳戶，應當在「借或貸」等欄內寫「平」字，並在餘額欄內用「0」表示。現金日記帳和銀行存款日記帳必須逐日結出餘額。一般說來，對於沒有餘額的帳戶，在餘額欄內標註的「0」應當放在「元」位。

9. 過次承前

每一帳頁登記完畢結轉下頁時，應當結出本頁合計數及餘額，寫在本頁最后一行和下頁第一行有關欄內，並在摘要欄內註明「過次頁」和「承前頁」字樣；也可以將本頁合計數及金額只寫在下頁第一行有關欄內，並在摘要欄內註明「承前頁」字樣。也就是說，「過次頁」和「承前頁」的方法有兩種：一是在本頁最后一行內結出發生額合計數及餘額，然后過次頁並在次頁第一行承前頁；二是只在次頁第一行承前頁寫出發生額合計數及餘額，不在上頁最后一行結出發生額合計數及餘額后過次頁。

第二節　銀行存款日記帳

一、銀行存款日記帳的基本格式

銀行存款收、支業務的結算方式有多種，為了反應具體的結算方式以及相關的單位，需要在三欄式現金日記帳的基礎上，通過增設欄目設置銀行存款日記帳（表2-5），即在銀行存款日記帳中增設採用的結算方式和對方單位名稱等具體的欄目。

表2-5　　　　　　　　　　銀行存款日記帳

××年		憑證		結算方式					對方單位	摘要	對應帳戶	借方（收入）	貸方（支出）	結餘
月	日	種類	號數	支票號碼	匯票	委收	托收	其他						

二、銀行存款日記帳的登記

銀行存款日記帳是由出納員根據銀行存款的收款憑證、付款憑證以及現金的付款憑證（從銀行提取現金業務）序時登記的。總體來說，銀行存款日記帳的登記方法與現金日記帳的登記方法基本相同，但以下幾點需要注意：

首先，出納員在辦理銀行存款收、付款業務時，應對收款憑證和付款憑證進行全面的審查復核，保證記帳憑證與所附的原始憑證的內容一致，方可依據正確的記帳憑證在銀行存款日記帳中記明日期（收、付款憑證編製日期）、憑證種類（銀收、銀付或現收）、憑證號數（記帳憑證的編號）、採用的結算方式（支票、本票或匯票等）、對方單位（對方收款或付款單位名稱）、摘要（概括說明經濟業務內容）、對應帳戶名稱、金額（收入、付出或結餘）等項內容。

其次，銀行存款日記帳應按照經濟業務發生時間的順序逐筆分行記錄。當日的業務當日記錄，不得將記帳憑證匯總登記；每日業務記錄完畢應結出餘額，做到日清月

結；月末應分別結出本月借方、貸方發生額及期末餘額和累計發生額，年末應結出全年累計發生額和年末餘額，並辦理結轉下年手續；有關發生額和餘額（包括日、月、年）計算出來之后，應在帳頁中的相應位置予以標明。

再次，銀行存款日記帳必須按行次、頁次順序登記，不得跳行、隔頁，不得以任何借口隨意更換帳簿，記帳過程中一旦發生錯誤應採用正確的方法進行更正，會計期末，按規定結帳。

銀行存款日記帳根據需要也可以採用多欄式，具體包括兩種格式。一種是將銀行存款的收入和支出並在一本帳中，按收入、支出的對應科目分設專欄進行登記。到月末結帳時，各個分欄加計發生額合計數，對全月銀行存款的收入來源、支出去向一目了然，可以給企業單位的經濟活動分析和財務收支分析提供更詳細的資料。但是，在應用會計科目較多時，帳頁必然過寬，不便於登記，而且容易發生錯欄串行的錯誤。為了避免這種錯誤的發生，在實際工作中，還可以將銀行存款日記帳分設兩本，即多欄式銀行存款收入日記帳和多欄式銀行存款支出日記帳。多欄式銀行存款日記帳的登記方法除特殊欄目（如結算方式、對方單位等）外，基本同於多欄式現金日記帳的登記方法。

第三節　對帳與編製出納報告

一、銀行存款對帳

銀行存款清查的基本方法是採用銀行存款日記帳與開戶銀行的「對帳單」相核對。核對前，首先把到清查日為止所有銀行存款的收、付業務都登記入帳，對發生的錯帳、漏帳應及時查清更正，然后再與銀行的對帳單逐筆核對。銀行帳上的存款餘額（也就是銀行對帳單上的存款餘額）同本單位銀行存款日記帳的存款餘額可能不一致，造成不一致的原因有兩種：

一是雙方帳目發生錯誤。

二是雙方記帳沒有發生錯誤，但由於結算憑證傳遞時間的不同步而發生「未達帳項」；即一方已經入帳，而另一方尚未接到有關憑證，因而還沒有入帳的事項。

由前種原因造成的，則要及時更正；由后種原因造成的，要消除未達帳項的影響，具體做法是編製銀行存款餘額調節表（表2-6）。

所謂未達帳項是指在企業和銀行之間，由於憑證的傳遞時間不同，而導致了記帳時間不一致，即一方已接到有關結算憑證並已經登記入帳，而另一方由於尚未接到有關結算憑證尚未入帳的款項。未達帳項總的來說有兩大類型：一是企業已經入帳而銀行尚未入帳的款項；二是銀行已經入帳而企業尚未入帳的款項。具體來講有以下四種情況：

（1）企業已收款記帳、銀行未收款未記帳的款項，如企業收到其他單位的購貨支票等。

(2) 企業已付款記帳、銀行未付款未記帳的款項，如企業開出付款支票，但持票人尚未到銀行辦理轉帳手續等。

(3) 銀行已收款記帳，企業未收款、未記帳的款項，如托收貨款收帳等。

(4) 銀行已付款記帳，企業未付款、未記帳的款項，如銀行代企業支付公用事業費等。

上述任何一種未達帳項的存在，都會使企業銀行存款日記帳的餘額與銀行開出的對帳單的餘額不符。當發生(1)、(4)兩種情況時，企業的銀行存款日記帳的帳面餘額將大於銀行對帳單餘額；當發生(2)、(3)兩種情況時，企業的銀行存款日記帳帳面餘額將小於銀行對帳單餘額。所以，在與銀行對帳時首先應查明是否存在未達帳項，如果存在未達帳項，就應該編製銀行存款餘額調節表對有關的帳項進行調整。銀行存款餘額調節表是在企業銀行存款日記帳餘額和銀行對帳單餘額的基礎上，分別加減未達帳項，確定調節后餘額。

如果調節后雙方餘額相符，就說明企業和銀行雙方記帳過程基本正確，而且這個調節后餘額是企業當時可以實際動用的銀行存款的限額。如果調節后餘額不符，企業和開戶銀行雙方記帳過程可能存在錯誤：屬於開戶銀行錯誤，應當即由銀行核查更正；屬於企業錯誤，應查明錯誤所在，區別漏記、重記、錯記或串記等情況，分別採用不同的方法進行更正。其計算公式如下：

企業的銀行存款日記帳餘額 + 銀行收款企業未收款的帳項 − 銀行付款企業未付款的帳項 = 銀行對帳單的餘額 + 企業收款銀行未收款的帳項 − 企業付款銀行未付款的帳項

二、銀行存款餘額調節表的編製

以下舉例說明銀行存款餘額調節表的具體編製方法。

【例2-1】四川鯤鵬有限公司2014年12月31日核對銀行存款日記帳。12月31日銀行存款日記帳帳面餘額為238,760元，同日銀行開出的對帳單餘額為299,860元。經銀行存款日記帳與銀行對帳單逐筆核對，發現兩者的不符是由下列原因造成的：

1. 公司於12月28日開出支票購買辦公用品980元，公司根據支票存根和有關發票等原始憑證已記帳，但收款人尚未到銀行辦理轉帳。

2. 12月29日公司的開戶銀行代公司收進一筆托收的貨款75,000元，銀行已記帳，但尚未通知公司。

3. 12月30日開戶銀行代公司支付當月的水電費1,460元，銀行已記帳，但付款通知單尚未送達公司，因而公司未記帳。

4. 公司於12月30日收到客戶交來的購貨支票，金額15,000元當即存入銀行，公司根據進帳單等已記帳，但因跨戶結算，所以銀行未記帳。

5. 12月30日公司的存款利息收入1,580元，銀行已主動劃入本公司帳戶，但尚未通知公司，因而公司暫未記帳。

根據調節前的餘額和查出的未達帳項等內容，編製12月31日的銀行存款餘額調節表（表2-6），確定調節后的餘額。

表 2-6　　　　　　　　　　銀行存款餘額調節表
　　　　　　　　　　　　　　2014 年 12 月 31 日　　　　　　　　　　　　　　　單位：元

項　　目	金額	項　　目	金額
銀行對帳單餘額：	299,860	公司銀行存款日記帳餘額：	238,760
加：公司收款，銀行未收款的購貨支票	15,000	加：銀行收款，公司未收款的未達帳項	75,000
減：公司付款，銀行未付款的辦公用品費	980	銀行存款利息收入	1,580
		減：銀行付款，公司未付款的水電費	1,460
調節后的餘額	313,880	調節后的餘額	313,880

　　從表 2-6 我們可以看出，表中左右兩方調節后的金額相等，這說明該公司的銀行存款日記帳記帳過程基本正確（但這不是絕對的，如兩個差錯正好相等，抵消為零），同時還說明公司的銀行存款實有數既不是 299,860 元，也不是 238,760 元，而是 313,880 元。如果調節后的餘額仍然不等，則說明有錯誤存在，應進一步查明原因，採取相應的方法進行更正。

　　按照中國會計制度的規定，對於未達帳項，不能以銀行存款餘額調節表為原始憑證而調節銀行存款日記帳的帳面記錄；對於銀行已經記帳而企業尚未記帳的未達帳項，應該在實際收到有關的收、付款結算憑證後即未達帳項變成「已達帳項」時再進行相關的帳務處理。由此可知，編製銀行存款餘額調節表只起對帳的作用，而不能將銀行存款餘額調節表作為調整帳面記錄的依據。

三、應收應付款對帳

　　對各種應收、應付款的清查，應採取「詢證核對法」，即同對方核對帳目的方法。清查單位應在其各種往來款項記錄準確的基礎上，編製往來款項對帳單（圖 2-1），寄發或派人送交對方單位，與債務人或債權人進行核對。

```
                    往來款項對帳單
××單位：
    你單位   年 月 日購入我單位        產品    件，已付貨款    元，尚有
   元貨款未付，請核對后將回聯單寄回。
                                        核查單位：（蓋章）
                                              年　月　日
-------------------沿此虛線裁開，將以下回聯單寄回!-------------------
                　往來款項對帳單　（回聯）
××單位：
    你單位寄來的「往來款項對帳單」已經收到，經核對相符無誤。
                                         ××單位（蓋章）
                                              年　月　日
```

圖 2-1　往來款項對帳單

四、編製出納報告

出納人員記帳后，應根據現金日記帳、銀行存款日記帳、有價證券明細帳、銀行對帳單等核算資料，定期編製「出納報告單」（表2-7），報告本單位一定時期現金、銀行存款、有價證券的收、支、存情況，並與總帳會計核對期末餘額。出納報告單的報告期可與本單位總帳會計匯總記帳的週期相一致，如果本單位總帳10天匯總一次，則出納報告單10天編製一次。

表2-7　　　　　　　　　　　　出納報告單
單位名稱：　　　　　　　年　月　日至　　年　月　日　　　　　編號：

項　目	庫存現金	銀行存款	有價證券	備註
上期結存				
本期收入				
合　計				
本期支出				
本期結存				

主管　　　　　記帳　　　　　出納　　　　　復核　　　　　製單

表2-7中，上期結存數，是指報告期前一期期末結存數，即本期報告期前一天的帳面結存金額，也是上一期出納報告單的「本期結存」數字；本期收入按帳面本期合計借方數字填列；合計是上期結存與本期收入的合計數字；本期支出按帳面本期合計貸方數字填列；本期結存是指本期期末帳面結存數字，等於「合計」數字減去「本期支出」數字。本期結存必須與帳面實際結存數一致。

第三章　發票管理實務

第一節　發票的種類

發票是一切單位和個人在購銷商品、提供勞務或接受勞務、服務以及從事其他經營活動時，所提供給對方的收付款的書面證明，是財務收支的法定憑證，是會計核算的原始依據，也是審計機關、稅務機關執法檢查的重要依據。目前，常用的發票種類有三種，即增值稅專用發票、普通發票和專業發票（表3-1）。

一、普通發票

普通發票主要由營業稅納稅人和增值稅小規模納稅人使用，增值稅一般納稅人在不能開具專用發票的情況下也可使用普通發票，但具體適用範圍需符合適用範疇。普通發票由行業發票和專用發票組成。前者適用於某個行業和經營業務，如商業零售統一發票、商業批發統一發票、工業企業產品銷售統一發票等；后者僅適用於某一經營項目。因此專用發票是在行業發票劃分的基礎上再進一步細分，此外在結算內容的票面設計上也有特殊的要求，如廣告費用結算發票、商品房銷售發票等。

普通發票的基本聯次為三聯：第一聯為存根聯，開票方留存備查用；第二聯為發票聯，收執方作為付款或收款原始憑證；第三聯為記帳聯，開票方作為記帳原始憑證。

二、增值稅專用發票

增值稅專用發票是中國實施新稅制的產物，是國家稅務部門根據增值稅徵收管理需要而設定的，只限於增值稅一般納稅人領購使用，增值稅小規模納稅人和非增值稅納稅人不得領購使用。增值稅專用發票既具有普通發票所具有的內涵，同時還具有比普通發票更特殊的作用。它不僅是記載商品銷售額和增值稅稅額的財務收支憑證，而且是兼記銷貨方納稅義務和購貨方進項稅額的合法證明，是購貨方據以抵扣稅款的法定憑證，對增值稅的計算起著關鍵性作用。增值稅專用發票的基本聯次統一規定為三聯，各聯次必須按以下規定用途使用：第一聯為抵扣聯，購貨方作扣稅憑證。第二聯為發票聯，購貨方作付款的記帳憑證。第三聯為記帳聯，銷貨方作銷貨的記帳憑證。

三、專業發票

專業發票是指國有金融、保險企業的存貸、匯兌、轉帳、保險憑證，國有郵政、

電信企業的郵票、郵單、話務、電報收據、國有鐵路、民用航空企業和交通部門、國有公路、水上運輸企業的客票、貨票等。經國家稅務總局或者省、市、自治區稅務機關批准，專業發票可由政府主管部門自行管理，不套印稅務機關的統一發票監制章，也可以根據稅收徵管的要求納入統一發票管理。

由於發票的種類與適用範圍不同，發票的內容也有一定的區別。一般包括：票頭、聯次及用途、銷貨單位及購貨單位名稱、銀行開戶帳號、商品名稱或經營項目、計量單位、數量、單價、金額、單位印章、經手人、開票日期等。另外，增值稅發票還有稅率、銷項稅額等內容。

表3-1　　　　　　　　　　常見的發票種類及適用範圍

發票種類	適用範圍
增值稅專用發票	◎只限於增值稅一般納稅人領購使用，而增值稅小規模納稅人和非增值稅納稅人不得領購使用 ◎一般工業和商業企業用此類發票來結算銷售貨物和加工修理修配勞務
普通發票	◎營業稅納稅人 ◎增值稅小規模納稅人 ◎不能開具增值稅專用發票的增值稅一般納稅人
專業發票	◎國有金融、保險企業的存貨、匯兌、轉帳、保險憑證 ◎國有郵政、電信企業的郵票、郵單、話務、電報收據 ◎國有鐵路、民用航空企業和交通部門、國有公路、水上運輸企業的客票、貨票等

第二節　發票的領購

一、發票領購資格條件

依法辦理稅務登記的單位和個人，在領取稅務登記證後，方可向主管稅務機關申請領購發票。若無固定經營場地或財務制度不健全的納稅人申請領購發票，其主管稅務機關有權要求納稅人提供擔保人。若不能提供擔保人的，可根據實際情況，要求其提供保證金，並按期繳銷發票。對發票保證金應設專戶儲存，不得挪作他用。納稅人可根據自身實際情況申請領購普通發票，而增值稅專用發票只限定於增值稅一般納稅人領購使用。

二、發票領購手續制度

1. 固定業戶領購發票制度

（1）提供購票申請及所需證件。

根據發票管理法規的規定：申請領購發票的單位或個人在申請購票時，必須提供購票申請報告，並提供經辦人身分證明、稅務登記證件及財務印章、發票專用章的印

模等資料后，報主管稅務機關申請發票領購簿。申請領購增值稅專用發票的單位和個人，在提供上述證件的同時，還需提供蓋有增值稅一般納稅人確認專用章的稅務登記證件。非增值稅納稅人和根據增值稅有關規定確認的增值稅小規模納稅人不得領購增值稅專用發票（報送的有關證件和資料全部需用 A4 紙複印，納稅人提供的複印件需加蓋單位公章或負責人簽名，第二代居民身分證應同時複印正、反兩面）。

（2）持簿購買發票。

購票申請報告經主管稅務機關審核批准后，領取發票的單位或個人方可領取發票領購簿或者增值稅專用發票購領簿。根據核定的發票種類、數量以及購票方式，向主管稅務機關領購發票。單位或個人購買增值稅專用發票的，還應當場在發票聯和抵扣聯上加蓋發票專用章或財務印章等章戳。有固定生產經營場所、財務和發票管理制度健全、發票使用量較大的單位，可以申請印有本單位名稱的普通發票；如普通發票式樣不能滿足業務需要，也可以自行設計本單位的普通發票樣式，報省轄市國家稅務局批准，按規定數量、時間到指定印刷廠印製。自行印製的發票應當交主管國家稅務機關保管，並按前款規定辦理領購手續。

（3）小規模納稅人申請代開專用發票的規定。

①向主管國家稅務機關提出書面申請，報縣（市）國家稅務機關批准后，領取所在省（市）、自治區、直轄市國家稅務局代開增值稅專用發票的許可證。

②持許可證、供貨合同、進貨憑證等向主管國家稅務機關提出申請，填寫「填開增值稅專用發票申請單」，經審核無誤后，才能開具專用發票。

2. 外出經營購票制度

固定業戶到外縣（市）銷售貨物的，應在所在地憑稅務機關填發的「外出經營活動稅收管理證明」，向經營地稅務機關申請領購或者填開經營地的普通發票。「外出經營活動稅收管理證明」上應載明核准帶出發票的種類、聯次、數量、起止號碼及攜票人姓名和身分證號碼等內容。用票單位和個人外出經營返回原地，應在有效期後 10 日內到主管國稅機關辦理帶出發票結報手續。

3. 臨時經營發票領購制度

未核發發票領購簿的納稅人或臨時從事生產經營活動的單位或個人，一律不得領購發票。需要臨時使用發票的單位或個人，可直接向經營地主管稅務機關申請代開發票。申請填開時，應提供足以證明發生購銷業務或者提供勞務服務以及其他經營業務活動方面的證明；對稅法規定應當繳納稅款的，當地稅務機關應先徵稅后開票。一般情況下，各地稅務機關都對開具零星業務的發票作了具體的規定和要求。

三、發票驗舊供新制度

1. 批量供應

批量供應是稅務機關對用票單位和個人在領購發票時，根據其經營業務量的大小和對發票的實際使用量的多少，合理地核定其在一定時期內的發票領購量。一般而言，均根據發票用量的大小選擇按月領購或按季領購。這主要是為防止用票單位積存過多發票而引起的票務管理問題。

2. 交舊驗新

交舊驗新是用票單位或個人交回已填開過的發票存根聯，主管稅務機關對其存根聯進行審核留存後才允許再次領購新發票。稅務機關主要審核舊發票存根聯序號是否完整，作廢發票是否全部繳銷，發票填開的內容是否真實、規範等。

3. 驗舊購新

驗舊購新是指用票單位或個人將已填開的發票存根聯交稅務機關審驗後，方可領購新票。定額發票的供應方式統一採用驗舊供新方式，推廣網報系統後，定額發票可以直接在網上驗銷，不需把存根聯交稅務機關。為避免納稅人開具發票時間跨度過長，保證稅收及時、足額入庫，對於採用驗舊供新方式供應的發票，要求納稅人自領購之日起一年內進行驗舊或繳銷。這種方式與交舊驗新基本相同，兩者的區別主要在於稅務機關審驗舊發票存根后，由用票單位或個人自己保管存根聯。

用票單位或個人在採用「驗舊供新」的供票方式申請新的發票時，還應提交發票和資料清單（表3-2）。

表3-2　　　　　　　發票驗舊時應提供的發票和資料清單

發票、資料清單 \ 驗舊發票類型	統印手寫發票、電腦發票	定額發票、企業冠名發票	電子發票
1. 原領購且已使用過的發票存根	√		
2. 作廢發票、紅字發票及相關證明資料	√	√	√
3. 蓋公章的「地方稅發票業戶使用情況表」一式兩份	√	√	√

第三節　發票的開具使用與保管

一、發票開具使用的一般要求

（1）發票只限定於購票單位或個人自己填開使用。任何填開發票的單位或個人必須在發生經營業務並確認營業收入時，才能開具發票。如果未發生經營業務則一律不得開具發票；不得撕毀、轉借、轉讓或違反其他規定填開、代開發票；未經稅務機關批准，不得拆本使用發票。

（2）任何單位或個人只能使用向稅務機關購買或經批准印製的發票。不得用「白條」或其他票據代替發票使用，不得倒買或倒賣發票（包括發票的監制章和防偽專用品），不得自行擴大發票的使用範圍。

（3）任何單位或個人只能在主管稅務機關的核准經營範圍內經營及在使用區域內使用發票，不得利用發票填開超出核准經營的項目及使用區域，更不得攜帶、郵寄或運輸發票出入國境。

（4）納稅單位或個人因發生轉業、改組、分設、聯營、遷址、停業、破產以及改

變隸屬主管稅務機關，需辦理變更或者註銷稅務登記的，應在辦理變更或註銷稅務登記的同時，辦理發票和「發票領購簿」的變更、繳銷手續；未經主管稅務機關的批准，不得私自處理。

（5）用票單位使用電子計算機開具發票，必須報主管稅務機關批准，並使用稅務機關批准的在定點印製發票企業印製的供電子計算機開具的發票。開具的存根聯應按順序號裝訂成冊，以備主管稅務機關檢查。

二、發票的開具使用基本原則

發票開具是實現其使用價值、反應經濟業務活動的重要環節，發票開具是否真實、完整、正確，直接關係到能否達到發票管理的預期目的。

(一)「逐筆開具」原則

《中華人民共和國發票管理辦法》規定：所有單位或個人發生在購銷商品、提供或者接受服務以及從事其他經營活動發生經營業務收取款項時，銷貨方應如實向付款方逐筆開具發票；收購單位和扣繳義務人支付個人收款時，則由付款方向銷貨方開具發票。這條原則是基於發票作為監控稅源、保障國家稅收收入的重要工具而確立的。

(二)「必須索取」原則

所有單位和從事生產、經營活動的納稅人以及消費者個人在購買商品、接受服務以及從事其他經營、消費活動支付款項時，都應向銷貨方取得發票。

「逐筆開具」與「必須索取」原則是相互對應、相互促進的，也是相互聯繫、相互依賴的。只有「都開」，才有「都要」；大家「都要」，就促使經營者「都開」。尤其是增值稅專用發票，具有抵扣稅款的作用，開具和取得發票雙方之間構成了不可分割的鏈條；若上一環節不按規定辦，那麼下一環節就不能抵扣稅款，形成了互相制約的關係。

(三)「填開時限」原則

使用發票的單位和個人必須在實現經營收入或者發生納稅義務時填開發票，未發生經營業務一律不準填開發票。

三、發票填開要點

填開發票應當使用中文，民族自治區可以同時使用當地通用的一種民族文字、外商投資企業和外國企業可以同時使用一種外國文字。

1. 銷貨方按規定填開發票的要點

（1）銷貨方在整本使用發票前，需檢查發票有無缺頁、錯號或有無監制章、印製不清楚等現象，如有異樣需立即上報主管稅務機關處理。

（2）銷貨方在填開發票時，必須按照規定的時限、號碼順序填開，填寫項目齊全、內容真實、字跡清楚，全部聯次一次性復寫或打印，各聯內容完全一致，不得塗改、挖補、撕毀。嚴禁開具「大頭小尾」發票。

（3）銷貨方在填開發票時，應按照規定逐欄填寫，並加蓋單位財務印章或發票專用章。

（4）銷貨方在使用電子計算機開具發票時，必須報主管稅務機關批准，並使用主管稅務機關統一印製的機外發票，開具后的存根聯應按照發票順序裝訂成冊。

2．購貨方按規定索取發票的要點

（1）購貨方向對方索取發票時，不得要求對方變更貨物或應稅勞務名稱，不得要求改變價稅金額。

（2）購貨方只能從發生業務的銷貨方取得發票，不得虛開或代開發票。

（3）購貨方取得發票后，若發現不符合發票開具要求的，有權要求銷貨方重新開具。

3．銷貨退回與銷售折讓的處理要點

（1）購買方在未付貨款且未作帳務處理的情況下，須將原專用發票的發票聯和抵扣聯主動退還銷售方。銷售方收到后，應在該發票聯和抵扣聯及有關的存根聯、記帳聯上註明「作廢」字樣，整套保存，並重新填開退貨后或銷售折讓后所需的專用發票。

（2）在購買方已付貨款，或者貨款未付但已作帳務處理，專用發票發票聯及抵扣聯無法退還的情況下，購買方必須取得當地主管國家稅務機關開具的進貨退出或索取折讓證明單送交銷售方，作為銷售方開具紅字專用發票的合法依據。銷售方在未收到證明以前，不得開具紅字專用發票；收到證明單后，根據退回貨物的數量、價款或折讓金額向購買方開具紅字專用發票。紅字專用發票的存根聯、記帳聯作為銷售方扣減當期銷項稅額的憑證，其發票聯和抵扣聯作為購買方扣減進項稅額的憑證。購買方收到紅字專用發票后，應將紅字專用發票所註明的增值稅額從當期進項稅額中扣減。如不扣減，造成不納稅或少納稅的，屬於偷稅行為。

4．增值稅專用發票開具要點

增值稅專用發票不僅是納稅人在經濟活動中的重要商事憑證，而且還兼銷貨方納稅義務和購貨方進項稅額的合法證明。增值稅一般納稅人填開專用發票，除按上述規定填開外，還應執行下列規定：

（1）一般納稅人銷售貨物、應稅勞務必須向購買方開具專用發票，但下列情況不得開具專用發票：

①銷售應稅項目；

②銷售免稅項目；

③銷售報關出口的貨物、在境外銷售應稅勞務；

④將貨物用於非應稅項目；

⑤將貨物用於集體福利或個人消費；

⑥將貨物無償贈送他人；

⑦提供非應稅勞務（應當徵收增值稅的除外）、轉讓無形資產或銷售不動產。

凡直接銷售給向小規模納稅人的銷售應稅項目，可以不開具專用發票。

（2）一般納稅人必須按規定的時限開具專用發票，具體要求為：

①採用預收貨款、托收承付、委託銀行收款結算方式的，為貨物發出的當天；

②採用交款提貨結算方式的，為收到貨款的當天；
③採用賒銷、分期付款結算方式的，為合同約定的收款日期的當天；
④設有兩個以上機構並實行統一核算的納稅人，將貨物從一個機構移送其他機構用於銷售，按規定應當徵收增值稅的，為貨物移送的當天；
⑤將貨物交付他人代銷的，為收到受託人送交的代銷清單的當天；
⑥將貨物作為投資提供給其他單位或個體經營者，為貨物移送的當天；
⑦將貨物分配給股東，為貨物移送的當天。

（3）一般納稅人經國家稅務機關批准採用匯總方式填開增值稅專用發票的，應當附有國家稅務機關統一印製的銷貨清單。

四、發票的保管

發票保管是指對尚未填用的發票以及已經開具的發票存根聯、專用發票抵扣聯進行專門的保存保管。發票的保管，是開具發票的重要保障。

（一）發票保管的範圍

發票保管的範圍是指用票人在購領發票以後，至填開結束的保管。這個階段包括：發票領購簿、空白發票、已開具的發票存根、發票防偽專用設備和取得的增值稅專用發票抵扣聯以及與發票有關的帳簿的保管。

（二）發票保管的基本制度

1. 專人保管制度

要確定專人負責發票管理、領發等日常工作。要通過嚴格的手續和一目了然的真實帳簿，十分明確地反應出各發票經手人的責任，使其在制度制約中，增強工作責任感，以免出現手續上的混亂和程序上的漏洞，自覺認真地使用和保管好發票。發票保管人員調動工作崗位或因故離職時，均須將所管發票及登記帳簿，在規定的時間與接交人辦理交接手續，並由有關人員進行實地監交，交接手續不清不得離職。

2. 專庫保管制度

從發票領購驗收入庫（櫃）到出庫（櫃）使用，以及向稅務機關繳銷各個環節的交結轉移時，各環節之間手續要清楚。具體說來，發票領購入庫（櫃）時要進行嚴格驗收，包括本數、聯次、序號都要核對和檢查，並有專門的交接簽收手續；出庫（櫃）填開時，要辦理領用手續；向稅務機關交（驗）舊購新和清理繳銷時，也要認真查實使用情況和聯次、存根數量，並有簽收手續。要嚴格按照規定設立專門存儲發票的倉庫，並配備必要的防盜、防火、防霉爛毀損、防蟲蛀鼠咬、防丟失等安全措施。

3. 專帳登記制度

要按照稅務機關的統一要求，設置專門的發票報表，以反應發票印、領、用、存數量靜態、動態情況，並由購（領）人員簽章，且做帳人和保管人原則上要分開，以便相互制約。對購進貨物和接受應稅勞務取得的增值稅專用發票，應首先驗證其合法性和真實性，並按照稅務機關的要求，在裝訂成冊的同時用臺帳逐筆登記。

4. 定期盤點制度

用票單位和個人,一般應在每月底對庫存未用發票進行一次清點,以檢查是否帳實相符,並接受主管稅務機關的檢查。

(三) 各種發票的保管

1. 空白發票的保管

空白發票是指用票單位和個人向稅務機關申請印製或者購買而未使用的發票。空白發票的保管,是發票保管最重要的環節,也是整個發票管理工作的一個重要方面。如果保管不善,發生遺失、被盜等現象,不但會擾亂正常的發票管理秩序,而且必將衝擊經濟管理秩序,給國家和企業帶來損失。因此,空白發票要設立專人、專櫃進行保管,凡領發票,首先必須由領用人提出申請,經發票管理員同意,註明領發發票的種類、數量、號碼等,並須由領用人員簽章。當天使用發票結束後,剩餘空白發票應及時存入保險箱內。

2. 作廢發票的保管

作廢發票的原因各有不同,對不同的作廢發票,應當分別採取不同的管理辦法。

(1) 因開票人員工作失誤或其他原因出現作廢發票的管理。

對於開票人員因工作失誤或其他原因開錯的發票,應在發票各聯加蓋「作廢」戳記或註明後,再重新開具發票,並妥善保管作廢發票的全部聯次,不得私自銷毀,以備核查。

(2) 因政策調整或變化造成作廢發票的管理。

稅務機關實行發票統一換版或政策變化以後,一般有一個過渡期。在過渡期內,新舊發票可以同時使用,到期後,舊版發票全部作廢,由稅務機關組織全面清理和收繳。收繳的舊版發票在稅務機關收繳完畢以後,登記造冊,統一銷毀。

3. 發票存根的保管

用票單位和個人已使用過的發票的存根,也應妥善保管。發票存根一般保管期為5年,在保管期限內,任何單位和個人都不得私自銷毀。

4. 丟失發票的處理

發票丟失,應於丟失當日書面報告主管稅務機關,並在報刊和電視等傳播媒介上公告聲明作廢。對於丟失的發票刊登聲明時,應詳細列明丟失發票的編號、份數、號碼、蓋章與否等情況。

第四節　發票的繳銷

一、發票繳銷制度

(1) 用票單位和個人購入的發票,從領購之日起一年內未使用的應當繳銷;

(2) 用票單位和個人發生轉業、改組、合併、破產或被註銷、吊銷營業執照等事項時,應當在申報辦理變更稅務登記、註銷稅務登記的同時,對原來印製、購買的發

票應向稅務機關申請繳銷；

（3）稅務機關在統一實行發票改版換版、更換發票監制章等事項時，在稅務機關規定期限內，用票單位和個人應當將未使用的發票送稅務機關辦理繳銷手續；

（4）用票單位和個人有嚴重違反稅務管理和發票管理行為或者稅務機關認為需要繳銷發票的，由稅務機關將其發票予以收繳；

（5）已使用的發票存根聯，根據《發票管理辦法》的規定，已滿保存期的經主管稅務機關審核可以繳銷；

（6）因霉變、水浸、火燒、鼠咬等問題而無法使用的發票應當繳銷。

二、發票繳銷處理

對於應銷毀的發票實行銷毀報告、集中銷毀、專人管理制度。銷毀前如實填寫「發票銷毀登記表」，經縣級以上國稅機關主管局長審批后銷毀。銷毀要專人押運，確保安全，嚴防被盜或丟失的事件發生（圖3-1）。

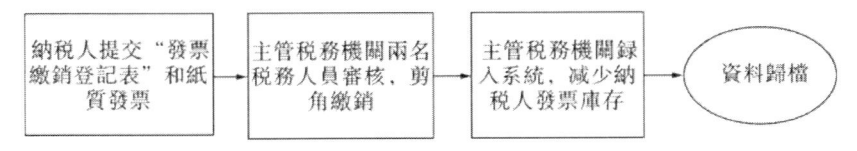

納稅人提交"發票繳銷登記表"和紙質發票 → 主管稅務機關兩名稅務人員審核，剪角繳銷 → 主管稅務機關錄入系統，減少納稅人發票庫存 → 資料歸檔

圖3-1　發票繳銷流程圖

第四章　現金和銀行存款管理實務

第一節　現金管理實務

一、國家現金管理基本規定

現金具有極強的流動性，在使用中不留痕跡，所以，國家對現金的使用與管理作出了明確規定。

(一) 現金使用範圍的規定

中國人民銀行《現金管理暫行條例》第二章第五條明確規定現金的使用範圍為：
(1) 職工工資、津貼；
(2) 個人勞務報酬；
(3) 根據國家規定頒發給個人的科學技術、文化藝術、體育等各種獎金；
(4) 各種勞保、福利費用以及國家規定的對個人的其他支出；
(5) 向個人收購農副產品和其他物資的價款；
(6) 出差人員必須隨身攜帶的差旅費；
(7) 結算起點以下的零星支出；
(8) 中國人民銀行確定需要支付現金的其他支出。

(二) 現金庫存限額的規定

現金的庫存限額是指為了保證企業日常零星開支的需要，允許存放在企業的現金的最高數額。中國人民銀行《現金管理暫行條例》第二章第九條、第十條對企業庫存現金的限額進行了明確規定：

開戶銀行應當根據實際需要，核定開戶單位三天至五天的日常零星開支所需的庫存現金限額。邊遠地區和交通不便地區的開戶單位的庫存現金限額，可以多於五天，但不得超過十五天的日常零星開支。

經核定的庫存現金限額，開戶單位必須嚴格遵守。需要增加或者減少庫存現金限額的，應當向開戶銀行提出申請，由開戶銀行核定。

(三) 現金收支管理的規定

中國人民銀行《現金管理暫行條例》第二章第十一條、第十三條、第十四條對開戶單位現金收支作了如下規定：

（1）開戶單位現金收入應當於當日送存開戶銀行。當日送存確有困難的，由開戶銀行確定送存時間。

（2）開戶單位支付現金，可以從本單位庫存現金限額中支付或者從開戶銀行提取，不得從本單位的現金收入中直接支付（即坐支）。因特殊情況需要坐支現金的，應當事先報經開戶銀行審查批准，由開戶銀行核定坐支範圍和限額。坐支單位應當定期向開戶銀行報送坐支金額和使用情況。

（3）開戶單位從開戶銀行提取現金，應當寫明用途，由本單位財會部門負責人簽字蓋章，經開戶銀行審核后，予以支付現金。

（4）因採購地點不固定，交通不便，生產或者市場急需，搶險救災以及其他特殊情況必須使用現金的，開戶單位應當向開戶銀行提出申請，由本單位財會部門負責人簽字蓋章，經開戶銀行審核后，予以支付現金。

（5）對個體工商戶、農村承包經營戶發放的貸款，應當以轉帳方式支付；對確需在集市使用現金購買物資的，經開戶銀行審核后，可以在貸款金額內支付現金。

（6）在開戶銀行開戶的個體工商戶、農村承包經營戶異地採購所需貨款，應當通過銀行匯兌方式支付。因採購地點不固定、交通不便，必須攜帶現金的，由開戶銀行根據實際需要，予以支付現金。

(四) 現金核算的規定

中國人民銀行《現金管理暫行條例》第二章第十二條對現金核算進行了規定：開戶單位應當建立健全現金帳目，逐筆記載現金支付；帳目應當日清月結，帳款相符。

二、單位內部現金控制的基本內容

開戶單位一方面應嚴格遵守國家現金管理制度的規定，接受開戶銀行對其現金管理的監督檢查；另一方面從單位內部控制的角度，也應當加強現金的管理，把現金結算和使用控制在合理的範圍內。各單位應在嚴格遵守國家現金管理制度的同時，建立健全單位內部現金管理制度。

(一) 錢帳分管制度

錢帳分管，即指「管錢的不管帳，管帳的不管錢」，此舉措實為進行內部牽制。單位應配備出納人員，專門負責辦理本單位的現金收付業務和現金保管業務，即「管錢」。出納人員以外的人，不得經管現金收付業務和現金保管業務。出納人員在辦理現金收付業務和現金保管業務的同時，登記現金日記帳和編製現金日（周）報表；遵循《會計法》的規定，出納人員不得兼管稽核、會計檔案保管和收入、費用、債權、債務帳目的登記工作，即「管錢的不管帳」。由會計人員登記現金總帳，即「管帳的不管錢」。建立錢帳分管制度，可以使出納人員和會計人員相互牽制、相互監督，從而減少錯誤和降低貪污舞弊的可能性。

(二) 現金開支審批制度

各單位應按照《現金管理暫行條例》及其實施細則規定的現金開支範圍，根據本

單位的經營管理實際情況，以及現金開支的額度等，建立健全現金開支審批制度，以加強現金開支的日常管理。現金開支審批制度一般應包括以下內容：

1. 明確本單位現金開支範圍

各單位應按照《現金管理暫行條例》及其實施細則的規定，確定本單位的現金開支範圍，如用於支付職工工資、支付職工困難補助、借支差旅費等對於個人的支付及結算起點以下的零星開支等。

2. 制定本單位報銷憑證，規定報銷手續和辦法

各單位應按其業務內容制定各種報銷憑證，如工資支付單、借款單、付款單、差旅費報銷單等，並規定各種報銷憑證的使用方法與範圍，以及各種憑證的傳遞手續，確定各種現金支出業務的報銷辦法。

3. 確定現金支出的審批權限

各單位應根據其經營規模、內部職責分工等，確定現金支出審批權限。出納人員根據按規定的權限經審核批准並簽章的付款憑證進行現金付款業務。

(三) 現金日清月結制度

日清月結是出納人員辦理現金出納工作的基本要求，也是避免出現現金溢餘或短缺的重要措施。日清月結指出納人員辦理現金業務，必須做到按日清理、按月結帳。

1. 按日清理

按日清理是出納人員應對當日的經濟業務進行清理，全部登記日記帳，結出庫存現金帳面餘額，並與庫存現金實地盤點數核對相符。按日清理的內容包括：

(1) 清理各種現金收付款憑證，檢查單證是否相符、各種收付款憑證所填寫的內容與所附原始憑證反應的內容是否一致，同時還要檢查每張單證是否已經蓋齊「收訖」「付訖」的戳記。

(2) 登記和清理日記帳。將當日發生的所有現金收付業務全部登記入帳，在此基礎上，核對帳證是否相符，即現金日記帳所登記的內容、金額與收、付款憑證的內容、金額是否一致。清理完畢后，結出現金日記帳的當日庫存現金帳面餘額。

(3) 現金盤點。出納員應按面值分別清點其數量，進行加總，結出當日現金的實存數。將盤存的實存數和現金日記帳帳面餘額進行核對，檢查兩者是否相符。

(4) 檢查庫存現金是否超過規定的現金限額。如實際庫存現金超過規定庫存限額，則出納人員應將超出部分送存銀行；如果實際庫存現金低於庫存限額，則應及時補提現金。

2. 按月結帳

按月結帳是在月末將現金日記帳的發生額與收付款憑證相核對，將現金日記帳的餘額與會計總帳中庫存現金的餘額相核對。如出現現金溢餘、短缺，應追查原因，及時處理。按月結帳的內容包括：

(1) 現金日記帳與現金收付款憑證核對。

①收、付款憑證是登記現金日記帳的依據，帳目和憑證應該完全一致。

②核對的項目主要是：核對憑證編號；復查記帳憑證與原始憑證，看兩者是否完

全相符；核對帳證金額與方向的一致性；檢查如發現差錯，要立即按規定的方法更正，確保帳證完全一致。

（2）現金日記帳與現金總分類帳的核對。

現金日記帳是根據收、付款憑證逐筆登記的，現金總分類帳是根據收、付款憑證匯總登記的，二者記帳的依據是相同的，記錄的結果應該完全一致；但由於兩個帳簿是由不同人員分別記帳的，可能發生差錯。出納應定期與總帳會計進行帳帳核對，如出現錯誤應立即按規定的方法加以更正，做到帳帳相符。

（四）現金清查制度

現金清查是財產清查中很重要也是頻率較高的一項工作。清查時，由有關人員組成清查小組，定期或不定期地對庫存現金情況進行清查盤點，重點應放在帳實是否相符、有無白條抵庫、有無私借公款、有無挪用公款、有無帳外資金等違紀違法行為上。一般來講，現金清查應採用突擊盤點方法，不事先通知出納人員。盤點時間應在一天業務開始之前或一天業務結束以後，這樣可以避免干擾業務的正常進行。清查時，由出納人員將截止至清查時的現金收付款項全部登記入帳，並結出現金日記帳的帳面餘額。在清查時出納人員必須在場，由清查人員進行現金清點。清查完畢，由清查人填製「現金清查盤點報告表」，填列帳存、實存金額，如有現金溢餘、短缺，追查原因，查明原因后上報有關部門或負責人進行處理。

（五）現金保管制度

現金保管制度一般應包括如下內容：

（1）超過庫存限額以外的現金應在下班前送存銀行。

（2）為加強對現金的管理，除工作時間需要的小量備用金可放在出納員的抽屜內，其餘則應放入出納專用的保險櫃內，不得隨意存放。

（3）限額內的庫存現金當日核對清楚后，一律放在保險櫃內，不得放在辦公桌內過夜。

（4）單位的庫存現金不準以個人名義存入銀行，以防止有關人員利用公款私存取得利息收入，也防止單位利用公款私存形成帳外小金庫。銀行一旦發現公款私存，可以對單位處以罰款，情節嚴重的，可以凍結單位現金支付。

（5）庫存現金，包括紙幣和鑄幣。紙幣的票面金額和鑄幣的幣面金額，以及整數（即大數）和零數（即小數）分類保管。紙幣一定要打開鋪平存放，並按照紙幣的票面金額，以每一百張為一把，每十把一捆扎好。凡是成把、成捆的紙幣即為整數（即大數），均應放在保險櫃內保管，隨用隨取；凡是不成把的紙幣，視為零數（或小數），也要按照票面金額，每十張為一扎，分別用票夾夾好，放在傳票箱內或抽屜內。存放一定要整齊，秩序井然。鑄幣也是按照幣面金額，以每一百枚為一卷，每十枚為一捆，同樣將成捆、成卷的鑄幣放在保險櫃內保管，隨用隨取；不成卷的鑄幣，應按照不同幣面金額，分別存放在特別的卡數器內。

（六）保險櫃的配備使用制度

為確保單位財產安全，各單位應配備保險櫃，專門存放各種現金、有價證券、銀

行票據、印章及出納票據。

1. 保險櫃的管理

保險櫃由總經理授權，由出納人員負責管理使用。

2. 保險櫃鑰匙的配備

保險櫃要配備兩把鑰匙：一把由出納員保管，供出納員日常工作開啟使用；另一把交由保衛部門封存，以備特殊情況下經有關領導批准后開啟使用。出納人員不能將保險櫃鑰匙交由他人代為保管。

3. 保險櫃的開啟

保險櫃只能由出納人員開啟使用，非出納人員不得開啟保險櫃。單位需要對出納工作進行檢查，如檢查庫存現金限額、核對實際庫存現金數額，或有其他特殊情況需要開啟保險櫃的，應由出納人員開啟保險櫃或應按規定的程序由授權人員開啟，在一般情況下他人不得任意開啟由出納人員掌管使用的保險櫃。

4. 財物的保管

每日終了后，出納人員應將其使用的空白支票（包括現金支票和轉帳支票）、銀錢、收據、印章等放入保險櫃中。保險櫃內存放的現金應設置和登記現金日記帳，其他有價證券、存折、票據等應按種類造冊登記，貴重物品應按種類設置備查簿登記其質量、重量、金額等，所有財物應與帳簿記錄核對相符。按規定，保險櫃內不得存放私人財物。

5. 保險櫃密碼

出納人員設置保險櫃密碼，並嚴格保密，不得向他人洩露。出納人員崗位輪換，新任出納人員應重新設置密碼。

6. 保險櫃的維護

保險相應放置在隱蔽、干燥之處，注意通風、防濕、防潮、防蟲和防鼠；保險櫃外要經常擦抹乾淨，保險櫃內財物應保持整潔衛生、存放整齊。一旦保險櫃發生故障，應到公安機關指定的維修點進行修理，以防洩密或失盜。

7. 保險櫃被盜的處理

出納人員發現保險櫃被盜后應保護好現場，迅速向公安機關報案，待公安機關勘查現場后清理財物被盜情況。節假日放長假應在保險櫃鎖孔處貼封條，上班后由出納人員到崗時揭封。

三、現金收付業務處理

企業應設置「庫存現金」帳戶核算現金的收付情況。

(一) 現金收入的核算

現金收入均需開具收款收據（表4-1），經出納人員鑒定現鈔的真偽無誤後，在現金收入憑證上加蓋「收款日戳」並簽章，其中一聯交與交款人，以明確經濟職責；收入現金簽發的收款收據與經手收款，按崗位牽制原則應當分開，由兩個以上經辦人分工辦理，如銷貨收入應由經銷人員負責填製發票單據，出納人員據以收款，以防差錯

與舞弊。

【例4－1】四川鯤鵬有限公司銷售原材料，材料銷售收入為3,000元，增值稅銷項稅額為510元，以現金方式收取款項。會計做如下分錄：

借：庫存現金　　　　　　　　　　　　　　　　　　　　3,510
　　貸：主營業務收入　　　　　　　　　　　　　　　　　3,000
　　　　應交稅費——應交增值稅（銷項稅額）　　　　　　510

表4－1　　　　　　　　　　　收款收據

交款人：趙亮	2014年1月14日		編號：0003
事　由	銷售收入		
人民幣（大寫）	叁仟伍佰壹拾元正		￥：3,510.00
附　注	現金收訖	收款方式	現金
會計：張楊林	收款：李偉	開票：王國	公司章

出納人員清點現金後收款，並在「收款收據」上加蓋「現金收訖」戳記，將現金放入保險櫃，並登記現金日記帳。

(二) 現金支付的核算

企業支付現金，必須符合現金管理條例的相關規定。出納人員根據依照程序由經辦人員、會計人員及各級主管人員批准簽章後的付款憑證（表4－2）付出款項。

【例4－2】四川鯤鵬有限公司財務部李華北京出差借支差旅費。按公司規定填製借款單，相關負責人均審批簽字。會計做如下分錄：

借：其他應收款——李華　　　　　　　　　　　　　　　5,000
　　貸：庫存現金　　　　　　　　　　　　　　　　　　　5,000

表4－2

借　款　單

2016年6月5日

借　款　人	李華	借款部門	財務部
借款金額	（大寫）伍仟元正		（小寫）5,000.00
借款事由	北京出差		
審　批	企業負責人：文平	現金付訖	部門負責人：徐顏
會計：游靜濤		付款：楊伊琳	記帳：朱灵

45

出納人員根據付款憑證在付款後在借款單上加蓋「現金付訖」印章，登記現金日記帳。

四、現金的提取與送存

現金的提取與送存是企業維持現金庫存限額的必要手段。企業要支付現金就需要具有一定量的現金庫存，當收取了現金時，又需要將現金送存銀行。

（一）現金的提取

按規定從銀行提取現金的程序為：

（1）簽發現金支票。現金支票是由存款人簽發，委託開戶銀行向收款人支付一定數額現金的票據。

（2）開戶單位應按現金的開支範圍簽發現金支票。現金支票的金額起點為100元，其付款方式是見票即付。

（3）現金支票只能使用簽字筆或鋼筆，只能用黑色或藍黑色墨水按支票排定的號碼順序填寫，書寫要認真，字跡要清晰；收款人名稱填寫應與預留印鑒名稱保持一致；簽章不能缺漏，必須與銀行預留印鑒相符；支票背面要由取款單位或取款人背書（即簽章），並核對無誤後送交給銀行結算櫃，然後銀行發牌作為取款對號的證明，到出納櫃對號取款。取款時要按支票上填寫的金額當面清點現金。

【例4-3】四川鯤鵬有限公司開出現金支票到銀行提取現金。出納開出支票後交會計及其他人員蓋章后到銀行取現，存根會計做帳（圖4-1）。分錄如下：

借：庫存現金　　　　　　　　　　　　　　　　　3,000
　　貸：銀行存款　　　　　　　　　　　　　　　　　　3,000

```
        中國銀行現金支票存根（川）
              Ⅵ Ⅲ 00271236
        科　　目＿＿＿＿＿＿＿＿
        對方科目＿＿＿＿＿＿＿＿
        出票日期　2016 年 7 月 7 日
        收款人：鯤鵬公司
        金　額：3,000.00
        用　途：備用

        單位主管：文平　　會計：遊靜濤
```

圖 4-1

出納人員登記現金日記帳和銀行存款日記帳、支票登記簿。

(二) 現金的送存

各單位必須按開戶銀行核定的庫存限額保管、使用現金，收取的現金和超出庫存限額的現金，應及時送存銀行。

現金送存時先由出納人員清點票幣，款項清點整齊核對無誤后，由出納人員填寫現金解款單存入銀行。現金解款單為一式三聯或一式二聯：第一聯為回單，此聯由銀行蓋章后退回存款單位；第二聯為收入憑證，此聯由收款人開戶銀行作憑證；第三聯為附聯，作附件，是銀行出納留底聯。出納人員在填寫現金繳款單時，要用雙面復寫紙復寫。交款日期必須填寫交款的當日，收款人名稱應填寫全稱。款項來源要如實填寫，大小寫金額的書寫要標準，面值和數額欄按實際送款時各種券面的張數或枚數填寫。然后將款項同解款單一併交銀行收款櫃收款。銀行核對后蓋章，並將第一聯（回單）交存款單位作記帳憑證。

【例4-4】四川鯤鵬有限公司將現金93,951元存入銀行。出納人員將清點捆扎好的現金送存銀行，填寫現金繳款單（表4-3）后送繳開戶銀行。

表 4-3　　　　　中國銀行現金繳款單(回單)

繳款日期 2016 年 6 月 21 日

收款單位	全　稱	鯤鵬公司		開戶銀行	中行濱海分理處	款項來源	出售產品收入		
	賬　號	909081008							
金　額	人民幣(大寫) 玖萬叁仟玖佰伍拾壹元整					十萬 千 百 十 元 角 分			
						¥　9 3 9 5 1 0 0			
票面	壹佰元	伍拾元	壹拾元	伍元	貳元	壹元	伍角	壹角	伍分	貳分	壹分
	900	78	5	0	0	1		中國銀行有限責任公司濱海分理處現金收訖			

出納：方一達　　收款員：許為群　　會計：單平　　復核：章力　　記帳：李道臨

繳款后會計依據現金繳款單做如下分錄：

借：銀行存款　　　　　　　　　　　　　　　　　93,951
　　貸：庫存現金　　　　　　　　　　　　　　　93,951

出納人員據此登記現金日記帳和銀行存款日記帳、支票登記簿。

第二節　銀行存款管理實務

一、銀行存款帳戶的管理

企業都必須在當地銀行開設帳戶，用來辦理存款、取款和轉帳結算。企業經濟活

動所發生的一切貨幣收支業務，除按《現金管理暫行條例》中規定可以使用現金直接支付的款項外，其他都必須按銀行支付結算辦法的規定，通過銀行帳戶進行轉帳結算。

(一) 銀行結算帳戶的分類

銀行結算帳戶按存款人不同分為單位銀行結算帳戶和個人銀行結算帳戶。

中國人民銀行制定的《人民幣銀行結算帳戶管理辦法》將單位銀行結算帳戶按用途分為基本存款帳戶、一般存款帳戶、專用存款帳戶、臨時存款帳戶（表4-4）。

表4-4　　　　　　　　　　銀行結算帳戶的開立與使用

帳戶	是否需中國人民銀行核准	能否存入現金	能否支取現金
基本存款帳戶	核准	能	能
一般存款帳戶	備案	能	不能
專用存款帳戶	1. 預算單位專業帳戶、QFII專用帳戶：核准 2. 其他帳戶：備案	不同帳戶規定不同	不同帳戶規定不同
臨時存款帳戶	核准（因註冊驗資和增資驗資的除外）	能	能

1. 基本存款帳戶

基本存款帳戶是存款人因辦理日常轉帳結算和現金收付需要開立的銀行結算帳戶，一個單位只能開立一個基本存款帳戶。存款單位的現金支取，只能通過基本存款帳戶辦理。一個單位只能選擇一家銀行的一個營業機構開立一個基本存款帳戶，不得同時開立多個基本存款帳戶。

為了加強對基本存款帳戶的管理，企事業單位開立基本存款帳戶，要實行開戶許可制度，必須憑中國人民銀行當地分支機構核發的開戶許可證辦理，企事業單位不得為還貸、還債和套取現金而多頭開立基本存款帳戶，不得出租、出借帳戶，不得違反規定在異地存款和貸款而開立帳戶。任何單位和個人不得將單位的資金以個人名義開立帳戶存儲。

2. 一般存款帳戶

一般存款帳戶是存款人因借款或者其他結算需要，在基本存款帳戶開戶銀行以外的銀行營業機構開立的銀行結算帳戶。一般存款帳戶可以辦理現金繳存，但不得辦理現金支取業務。

3. 臨時存款帳戶

臨時存款帳戶是存款人因臨時需要並在規定期限內使用而開立的銀行結算帳戶。存款人有設立臨時機構、異地臨時經營活動、註冊驗資情況的，可以申請開立臨時存款帳戶。臨時存款帳戶的有效期最長不得超過2年。

4. 專用存款帳戶

專用存款帳戶是存款人按照法律、行政法規和規章，對有特定用途資金進行專項管理和使用而開立的銀行結算帳戶。

(二) 銀行結算帳戶的開立

    1. 基本存款帳戶

下列存款人，可以申請開立基本存款帳戶：

(1) 企業法人。
(2) 非法人企業。
(3) 機關、事業單位。
(4) 團級（含）以上軍隊、武警部隊及分散執勤的支（分）隊。
(5) 社會團體。
(6) 民辦非企業組織。
(7) 異地常設機構。
(8) 外國駐華機構。
(9) 個體工商戶。
(10) 居民委員會、村民委員會、社區委員會。
(11) 單位設立的獨立核算的附屬機構。
(12) 其他組織。

存款人申請開立基本存款帳戶，應向銀行出具下列證明文件：

(1) 企業法人，應出具企業法人營業執照正本。
(2) 非法人企業，應出具企業營業執照正本。
(3) 機關和實行預算管理的事業單位，應出具政府人事部門或編製委員會的批文或登記證書和財政部門同意其開戶的證明；非預算管理的事業單位，應出具政府人事部門或編製委員會的批文或登記證書。
(4) 軍隊、武警團級（含）以上單位以及分散執勤的支（分）隊，應出具軍隊軍級以上單位財務部門、武警總隊財務部門的開戶證明。
(5) 社會團體，應出具社會團體登記證書，宗教組織還應出具宗教事務管理部門的批文或證明。
(6) 民辦非企業組織，應出具民辦非企業登記證書。
(7) 外地常設機構，應出具其駐在地政府主管部門的批文。
(8) 外國駐華機構，應出具國家有關主管部門的批文或證明；外資企業駐華代表處、辦事處應出具國家登記機關頒發的登記證。
(9) 個體工商戶，應出具個體工商戶營業執照正本。
(10) 居民委員會、村民委員會、社區委員會，應出具其主管部門的批文或證明。
(11) 獨立核算的附屬機構，應出具其主管部門的基本存款帳戶開戶登記證和批文。
(12) 其他組織，應出具政府主管部門的批文或證明。

    2. 一般存款帳戶

存款人申請開立一般存款帳戶，應向銀行出具其開立基本存款帳戶規定的證明文件、基本存款帳戶開戶登記證和下列證明文件：

（1）存款人因向銀行借款需要，應出具借款合同。

（2）存款人因其他結算需要，應出具有關證明。

3. 專用存款帳戶

對下列資金的管理與使用，存款人可以申請開立專用存款帳戶：

（1）基本建設資金。

（2）更新改造資金。

（3）財政預算外資金。

（4）糧、棉、油收購資金。

（5）證券交易結算資金。

（6）期貨交易保證金。

（7）信託基金。

（8）金融機構存放同業資金。

（9）政策性房地產開發資金。

（10）單位銀行卡備用金。

（11）住房基金。

（12）社會保障基金。

（13）收入匯繳資金和業務支出資金。

（14）黨、團、工會設在單位的組織機構經費。

（15）其他需要專項管理和使用的資金。

存款人申請開立專用存款帳戶，應向銀行出具其開立基本存款帳戶規定的證明文件、基本存款帳戶開戶登記證和下列證明文件：

（1）基本建設資金、更新改造資金、政策性房地產開發資金、住房基金、社會保障基金，應出具主管部門批文。

（2）財政預算外資金，應出具財政部門的證明。

（3）糧、棉、油收購資金，應出具主管部門批文。

（4）單位銀行卡備用金，應按照中國人民銀行批准的銀行卡章程的規定出具有關證明和資料。

（5）證券交易結算資金，應出具證券公司或證券管理部門的證明。

（6）期貨交易保證金，應出具期貨公司或期貨管理部門的證明。

（7）金融機構存放同業資金，應出具其證明。

（8）收入匯繳資金和業務支出資金，應出具基本存款帳戶存款人有關的證明。

（9）黨、團、工會設在單位的組織機構經費，應出具該單位或有關部門的批文或證明。

（10）其他按規定需要專項管理和使用的資金，應出具有關法規、規章或政府部門的有關文件。

《人民幣銀行結算帳戶管理辦法》第二十條規定：合格境外機構投資者（QFII）在境內從事證券投資開立的人民幣特殊帳戶和人民幣結算資金帳戶納入專用存款帳戶管理。其開立人民幣特殊帳戶時應出具國家外匯管理部門的批覆文件，開立人民幣結算

資金帳戶時應出具證券管理部門的證券投資業務許可證。

4. 臨時存款帳戶

有下列情況的，存款人可以申請開立臨時存款帳戶：

（1）設立臨時機構。

（2）異地臨時經營活動。

（3）註冊驗資。

存款人申請開立臨時存款帳戶，應向銀行出具下列證明文件：

（1）臨時機構，應出具其駐在地主管部門同意設立臨時機構的批文。

（2）異地建築施工及安裝單位，應出具其營業執照正本或其隸屬單位的營業執照正本、施工及安裝地建設主管部門核發的許可證或建築施工及安裝合同，以及基本存款帳戶開戶登記證。

（3）異地從事臨時經營活動的單位，應出具其營業執照正本、臨時經營地工商行政管理部門的批文以及基本存款帳戶開戶登記證。

（4）註冊驗資金，應出具工商行政管理部門核發的企業名稱預先核准通知書或有關部門的批文。

(三) 銀行帳戶使用的相關規定

（1）存款人應以實名開立銀行結算帳戶，並對其出具的開戶（變更、撤銷）申請資料實質內容的真實性負責，法律、行政法規另有規定的除外。

（2）存款人應在註冊地或住所地開立銀行結算帳戶。按規定可以在異地（跨省、市、縣）開立銀行結算帳戶的除外。

（3）存款人可以自主選擇銀行開立銀行結算帳戶，除法定外，任何單位和個人不得強令存款人到指定銀行開立銀行結算帳戶。

（4）不得利用銀行結算帳戶進行偷逃稅款、逃廢債務、套取現金等違法犯罪活動。

（5）企業應加強對預留銀行簽章的管理。

（6）存款人收到對帳單或對帳信息后，應及時核對帳務並在規定期限內向銀行發出對帳回單或確認信息。

（7）存款人應按照帳戶管理規定使用銀行結算帳戶辦理結算業務，不得出租、出借銀行結算帳戶，不得利用銀行結算帳戶套取銀行信用或進行洗錢活動。

（8）存款人撤銷銀行結算帳戶，必須與開戶銀行核對銀行結算帳戶存款餘額，交回各種重要空白票據及結算憑證和開戶許可證，銀行核對無誤后方可辦理銷戶手續。存款人未按規定交回各種重要空白票據及結算憑證的，應出具有關證明，造成損失的，由其自行承擔。

（9）單位從其銀行結算帳戶支付給個人銀行結算帳戶的款項，每筆超過 5 萬元的，應向其開戶銀行提供相應的付款依據。從單位銀行結算帳戶支付給個人銀行結算帳戶的款項應納稅的，稅收代扣單位付款時應向其開戶銀行提供完稅證明。

（10）對存款人開立的單位銀行結算帳戶實行生效日制度，即單位銀行結算帳戶在正式開立之日起三個工作日內，除資金轉入和現金存入外，不能辦理付款業務，三個

工作日后方可辦理付款。

二、銀行存款收付業務處理

(一) 銀行存款收款業務處理

銀行收款業務是各單位通過開戶銀行將款項從付款單位開戶銀行的帳戶，劃轉到本單位的銀行帳戶的貨幣資金結算方式。企業收到銀行存款的，主要來源是：①現金存入；②收到其他單位款項；③借入款項。

企業因經營活動等業務收款，在收到其他單位的轉帳支票等票據後，應及時到開戶行進帳。出納人員將收到的票據連同填製好的銀行進帳單（表4-5）交銀行進帳。

【例4-5】四川鯤鵬有限公司向方達公司銷售產品，收入148,000元，增值稅25,160元，收到方達公司轉帳支票一張。

表 4-5　　　　　中 国 银 行 进 账 单 (收账通知) 3　　第67号
2016 年 8 月 15 日

收款单位	全 称	鯤鵬公司	付款单位	全 称	秦岛贸易有限责任公司
	账号或地址	0909081008 北海路18号		账号或地址	0719081029 海阳路21号
	开户银行	中行滨海分理处		开户银行	交通银行海阳路分理处
托收金额	人民币（大写）	壹拾柒萬叁仟壹佰陸拾元整	千 百 十 万 千 百 十 元 角 分 ¥　　　1 7 3 1 6 0 0 0
票据种类	转账支票				
票据张数	1			2016 年 8 月 15 日	
单位主管　　会计　　复核　　记账				(收款人开户银行盖章) 中国银行股份有限公司滨海分理处 转讫	

出納人員填好進帳單後連同轉帳支票一同送銀行進帳。銀行劃款後在進帳單上加蓋「轉訖」戳記。會計做如下分錄：

　　借：銀行存款　　　　　　　　　　　　　　　　　　　173,160
　　　　貸：主營業務收入　　　　　　　　　　　　　　　148,000
　　　　　　應交稅費——應交增值稅（銷項稅額）　　　 25,160

出納人員據此登記銀行存款日記。

(二) 銀行存款付款業務處理

銀行付款業務，是指各單位通過開戶銀行將款項從本單位開戶銀行的帳戶，劃轉到收款單位的銀行帳戶的貨幣資金結算方式。企業付出銀行存款，主要用途是：①提取現金；②支付其他單位款項；③歸還借款。

銀行存款付款採用轉帳支票。轉帳支票是出票人簽發的、委託辦理支票存款業務的銀行在見票時無條件支付確定的金額給收款人或持票人的票據。轉帳支票只能用於轉帳。

1. 轉帳支票的填寫

轉帳支票的填寫要求及規定與現金支票的填寫是相同的。

2. 轉帳支票辦理流程

（1）出票：開戶單位根據本單位的情況，簽發轉帳支票，並加蓋預留銀行印鑒。

（2）交付票據：出票人將票據交給收款人（也可直接到開戶銀行辦理付款）。

（3）票據流通使用：收款人或持票人根據交易需要，可將轉帳支票背書轉讓。

【例4－6】四川鯤鵬有限公司支付迅杰有限責任公司貨款1,650,538元。出納人員填寫轉帳支票加蓋印章後，將支票（圖4－2）交與迅杰公司人員。

```
          中國銀行轉帳支票存根（川）
                 Ⅵ Ⅲ 00271236
      科    目 _____
      對方科目 _____
      出票日期  2016年8月2日
      ┌──────────────────────────┐
      │ 收款人：迅杰有限責任公司    │
      ├──────────────────────────┤
      │ 金  額：1,650,538.00        │
      ├──────────────────────────┤
      │ 用  途：貨款                │
      └──────────────────────────┘

      單位主管：文平      會計：遊靜濤
```

圖4－2

假設發票帳單收到，材料已驗收入庫，會計做如下分錄：

借：原材料   1,410,717

　　應交稅費——應交增值稅（進項稅額）   239,821

　貸：銀行存款   1,650,538

出納人員據此登記銀行存款日記帳、支票登記簿。

第五章 銀行結算實務

第一節 支票結算

一、支票與支票結算

支票是出票人簽發的，委託辦理支票存款業務的銀行或者其他金融機構在見票時無條件支付確定的金額給收款人或者持票人的票據（圖5－1）。

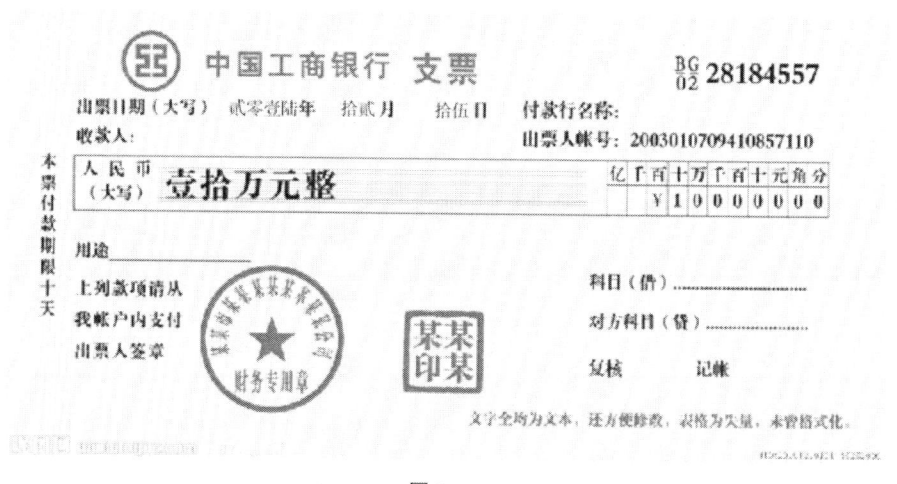

圖5－1

支票結算是一種利用支票來辦理款項往來清結和支取現金的一種銀行結算方式。

（一）支票結算的當事人

支票結算中涉及三方面的當事人：

1. 出票人

出票人是在經中國人民銀行批准辦理業務的銀行機構開立可以使用支票的存款帳戶的單位和個人。

2. 持票人

持票人是持有支票的收款單位或個人。

3. 付款人

付款人是支票上記載的出票人開戶銀行。

(二) 支票結算的特點

支票結算有如下特點：

1. 手續簡便，結算迅速

付款人只要在銀行有存款，就可以簽發支票給收款人，沒有什麼別的限制。收款人收到支票後，將支票送交銀行，一般在當天或者次日即可到帳用款。

2. 使用靈活，信譽可靠

支票可以由付款人向收款人簽發辦理結算，也可以由付款人出票委託銀行主動付款給收款人。轉帳支票在指定城市中可以背書轉讓，結算形式靈活多樣。支票可以辦理轉帳，也可以支取現金，使用靈活方便。銀行結算紀律規定，單位必須在其銀行存款餘額內簽發支票，使支票得到償付的系數很高。

支票的特點使它成為同城結算中使用最廣泛的一種結算形式。

二、支票的分類

支票按照不同的標準有不同的分類：

1. 記名式支票和不記名式支票

支票按照收款人的記載形式不同分為記名式支票和不記名式支票兩種。

記名式支票是在支票上記載收款人姓名或者商號的支票，又稱抬頭支票。記名式支票的票款，只能付給票面指定的人，轉讓時須有收款人背書。

無記名式支票是在支票上不記載收款人姓名或商號的支票，又叫空白支票。無記名式支票的持票人可以直接向銀行取款，而不必在支票上簽字蓋章。

2. 轉帳支票和現金支票

支票按照使用的要求分為轉帳支票、現金支票和普通支票。

①按照《支付結算辦法》的規定，印有「轉帳」字樣的支票為轉帳支票（圖5-2）。轉帳支票只能用於轉帳。

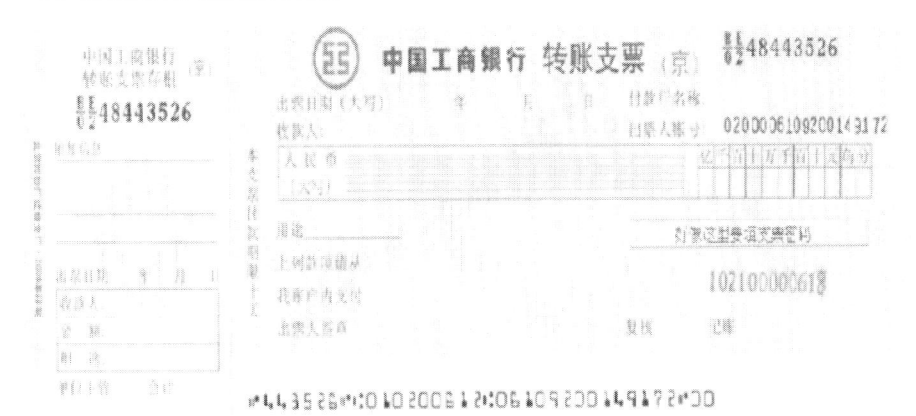

圖5-2

②印有「現金」字樣的支票為現金支票（圖5-3），現金支票只能用於支取現金。

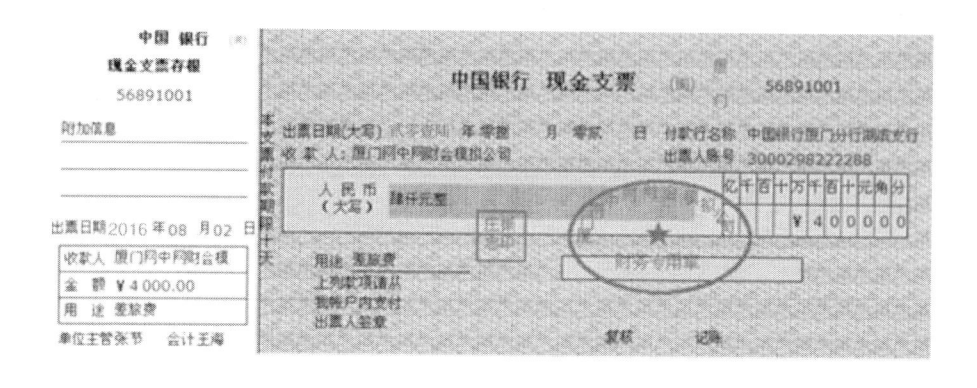

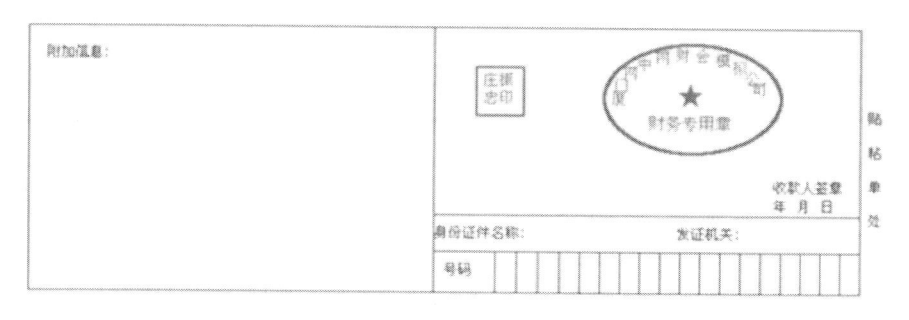

圖 5-3

③未印有「現金」或「轉帳」字樣的支票為普通支票。普通支票可以用於支取現金，也可以用於轉帳。普通支票左上角畫有兩條平行線的為畫線支票。畫線支票只能用於轉帳，不得支取現金。

三、支票結算的基本規定

(1) 支票一律記名。

(2) 支票可以背書轉讓，背書轉讓必須連續。背書連續，是指在票據轉讓過程中，轉讓匯票的背書人與受讓匯票的被背書人在匯票上的簽章依次前后銜接，即第一次背書轉讓的背書人是票據上記載的收款人，前次背書轉讓的被背書人是后一次背書轉讓的背書人，依次前后銜接，最后一次背書轉讓的被背書人是票據的最后持票人。

(3) 支票提示付款期為 10 天，但中國人民銀行另有規定的除外。超過提示付款期限提示付款的，持票人開戶銀行不予受理，付款人不予付款。

(4) 對出票人簽發空頭支票、簽章與預留銀行簽章不符的支票、支付密碼錯誤的支票，銀行應予以退票，並按票面金額處以百分之五但不低於 1,000 元的罰款；持票人有權要求出票人賠償支票金額 2% 的賠償金。對屢次簽發空頭支票、簽章與預留銀行簽章不符的支票、支付密碼錯誤的支票，銀行應停止其簽發支票。

(5) 支票的出票人簽發支票的金額不得超過付款時在付款處實有的存款金額，禁

止簽發空頭支票。

（6）持票人可以委託開戶銀行收款或直接向付款人提示付款。用於支取現金的支票，僅局限於向付款人提示付款。持票人委託銀行收款的支票，應做背書，銀行應通過票據交換系統收妥後入帳。

（7）簽發現金支票和用於支取現金的普通支票需符合現金管理的規定。

（8）簽發支票應使用墨汁或碳素墨水填寫，中國人民銀行另有規定的除外。支票大小寫金額和收款人不得塗改。其他內容如有更改，必須由簽發人加蓋預留銀行的印鑒之一予以證明。

（9）出票人在付款人處的存款足以支付支票金額時，付款人應當在見票當日足額付款。

（10）存款人領用支票，必須填寫票據和結算憑證領用單並簽章，簽章應與預留銀行的簽章相符。存款帳戶結清時，必須將全部剩餘空白支票交回銀行註銷。

四、支票的結算程序

支票結算中銀行存款業務處理的程序為：

（1）現金支票提取現金的結算程序，如圖 5-4 所示。

```
付款單位 ①簽發現金支票→ 收款單位 ②提取現金→ 付款單位開戶行
```

圖 5-4

在現金支票提取現金的結算程序下，圖 5-4 中號碼所示的具體內容為：
①付款人開出現金支票給收款人；
②收款人持現金支票向付款人開戶銀行提取現金。

（2）轉帳支票由付款人提交銀行的結算程序，如圖 5-5 所示。

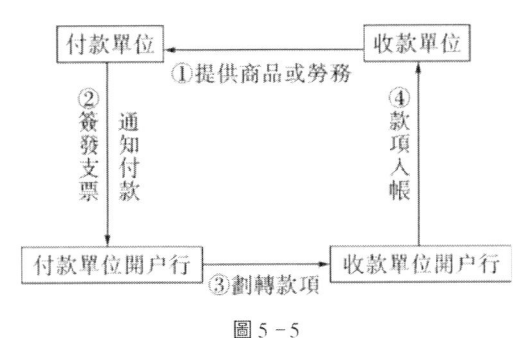

```
     付款單位  ①提供商品或勞務  收款單位
        │②簽發支票                  ↑④款項入帳
        │ 通知付款                   │
        ↓                           │
   付款單位開戶行 ③劃轉款項→ 收款單位開戶行
```

圖 5-5

在轉帳支票由付款人提交銀行的程序下，圖 5-5 中號碼所示的具體內容為：
①付款單位接受收款單位的商品或勞務；
②付款單位接受收款單位的商品或勞務後，簽發支票並自行把支票送交自己的開戶行，通知開戶銀行付款；
③付款單位開戶行將款項劃撥給收款單位開戶行；

④收款單位開戶行將款項劃入收款單位銀行存款帳內，通知收款單位款項入帳。
(3) 轉帳支票由收款人提交銀行的結算程序，如圖5-6所示。

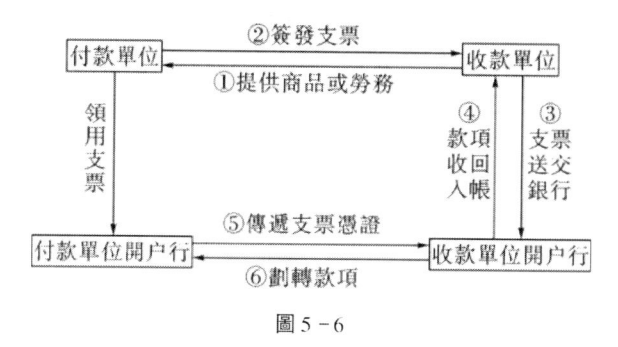

```
            ②簽發支票
   ┌─────┐ ─────────→ ┌─────┐
   │付款單位│               │收款單位│
   └─────┘ ←───────── └─────┘
領            ①提供商品或勞務         ④   ③
用                                    款   支
支                                    項   票
票                                    收   送
                                      入   交
                                      帳   銀
                                           行
   ┌───────┐ ⑤傳遞支票憑證 ┌───────┐
   │付款單位開戶行│ ←─────────── │收款單位開戶行│
   └───────┘ ─────────→ └───────┘
              ⑥劃轉款項
```

圖5-6

在轉帳支票由收款人提交銀行的結算方式下，圖5-6中號碼所示的具體內容為：
①收款人向付款人提供商品或勞務；
②付款單位簽發支票給收款單位；
③收款人將支票送交其開戶銀行；
④收款單位開戶銀行將款項劃入收款單位銀行存款戶帳內，並通知收款單位；
⑤收款單位開戶銀行支付票款后，傳遞票據通知付款單位開戶行；
⑥付款單位開戶行將票款劃給收款單位開戶銀行。

五、支票結算方式的相關問題

(一) 支票結算的管理

支票是由付款人自行簽發，可以向銀行直接支取現金（現金支票），也可以憑支票直接向銷貨單位採購商品（轉帳支票），具有方便靈活的特點，是同城結算中應用最廣泛的一種結算方式，同時也是除現金以外最容易發生問題的結算方式。管理和控制不嚴極容易發生支票丟失、被盜、空頭等情況，因此銀行對使用支票辦理結算具有嚴格的限制，各單位應當建立健全內部控制制度，加強對支票結算的管理。

1. 銀行對支票結算的管理

為了保證支票結算的正確有序進行，銀行規定了使用支票的基本條件：

(1) 各類企業使用支票必須具備的條件。
① 有工商行政管理部門頒發的營業執照。
② 在銀行存款帳戶有一定數量的、可以支配使用的自有流動資金，實行獨立經濟核算，具有法人資格。
③ 有財務會計制度和專職財會人員。

(2) 機關、團體和事業單位使用支票必須具備的條件。
① 有一定數量的資金來源。
② 實行獨立的會計核算，並且具有法人資格。
③ 有財務會計制度和專職財會人員。

（3）個體經濟戶使用支票必須具備的條件。
① 在縣級（城市區級）及其以上工商行政管理部門登記，並發有營業執照。
② 有固定營業門面或加工場所。
③ 確有轉帳結算必要的。
④ 在銀行開立帳戶，帳戶上保持一定的餘額。
2. 單位內部對支票結算的管理

為了避免支票發生丟失、被盜、空頭等情況，防止由於管理不善而給單位帶來經濟損失，單位應建立健全支票結算的內部控制制度，加強對支票結算的管理和控制。
（1）支票的管理由財務部門負責，指定出納員專門保管，嚴防丟失、被盜。
（2）支票和預留銀行印鑒、支票密碼單應分別存放、專人保管。
（3）支票由指定的出納員專人簽發。

出納員根據經領導批准的支票領用單按照規定要求簽發支票，並在支票簽發登記簿上加以登記。
（4）有關部門和人員領用支票必須填製專門的支票領用單，說明領用支票的用途、日期、金額，由經辦人員簽章，經有關領導批准。
（5）建立健全支票報帳制度。

單位內部領用支票的有關部門和人員應按規定及時報帳，遇有特殊情況應與單位財務部門及時取得聯繫，以便財務部門能掌握支票的使用情況，合理地安排使用資金。
（6）不準攜帶蓋好印鑒的空白支票外出採購。

如果採購金額事先難以確定，實際情況又需用空白轉帳支票結算時，經單位領導同意後，出納員可簽發具有下列內容的空白支票：定時（填寫好支票日期）、定點（填寫好收款單位）、定用途（填寫好支票用途）、限金額（在支票的右上角加註「限額××元」字樣）。

各單位簽發空白支票要設置空白支票簽發登記簿，實行空白支票領用銷號制度，以嚴格控制空白支票的簽發。

空白支票簽發登記簿應包括以下內容：領用日期、支票號碼、領用人、用途、收款單位、限額、批准人、銷號。領用人領用支票時要在登記簿「領用人」欄簽名或蓋章；領用人將支票的存根或未使用的支票交回時，應在登記簿「銷號」欄銷號並註明銷號日期。

（7）為避免簽發空頭支票，各單位財務部門要定期與開戶銀行核對往來帳，瞭解未達帳項情況，準確掌握和控制銀行存款餘額，從而為合理地安排生產經營等各項業務提供決策信息。
（8）建立收受支票審查制度。

為避免收受空頭支票和無效支票，各單位應建立收受支票審查制度。為防止發生詐騙和冒領，收款單位一般應規定必須收到支票幾天（如三天、五天）後才能發貨，以便有足夠的時間將收受的支票提交銀行，辦妥收帳手續。遇到節假日相應推後發貨時間，以防不法分子利用節假日銀行休息無法辦妥收帳手續而進行詐騙。
（9）發生支票遺失應立即向銀行辦理掛失或者請求銀行和收款單位協助防範。

(二) 支票的領用

在經濟結算中採用支票結算方式進行結算需要簽發支票，簽發支票的前提是先向銀行領用支票。單位領用支票時，應由出納人員填製一式三聯的空白重要憑證領用單，在第一聯上加蓋預留銀行印鑒，送交銀行辦理。經銀行核對印鑒相符后，在重要空白憑證登記簿上註明領用日期、領用單位、支票起訖號碼、密碼號碼等，向單位出售支票，同時按規定收取一定工本費和手續費。銀行在出售支票的同時，還要打印兩張支票密碼，一張給領用單位，另一張留銀行備查，以便辦理結算時核對。按規定，每個帳戶一次只準購買一本支票，業務量大的可適當放寬。出售時每張支票上要加蓋銀行的名稱和簽發人帳號。撤銷、合併或因其他原因結清帳戶時，應將剩餘未用的空白支票交回銀行，切角作廢。

(三) 支票的簽發

1. 出票人簽發支票的基本規定

(1) 簽發支票要用碳素墨水或墨汁填寫，要求內容齊全、大小寫相符，不準塗改、更改。

(2) 簽發支票的金額不得超過付款時在付款人處實有的存款額，禁止簽發空頭支票。

(3) 出票人不得簽發與其預留銀行簽章不符的支票；使用支付密碼的，出票人不得簽發支付密碼錯誤的支票。

(4) 出票人簽發支票，必須按照簽發的支票金額承擔保證向該持票人付款的責任。

(5) 簽發現金支票和用於支取現金的普通支票，必須符合國家現金管理的規定。

(6) 支票的金額、收款人名稱，可以由出票人授權補記。未補記前不得背書轉讓，或向銀行提示付款。支票上未記載付款地的，付款人的營業場所為付款地。支票上未記載出票地的，出票人的營業場所、住所或者經常居住地為出票地。

2. 現金支票的簽發

根據中國人民銀行《銀行支付結算辦法》和國家有關現金管理的規定，凡在銀行和其他金融機構開立帳戶的機關、團體、部隊、企事業單位和其他單位及個人，只能在允許使用現金的範圍內簽發現金支票。

出納員在簽發現金支票時，應對簽發日期、收款人、人民幣大小寫金額以及支票號碼、密碼號碼、款項用途等內容逐項認真填寫。其中，簽發日期應為支票的實際簽發日，不得漏填或預填日期。「收款人」欄一定要寫明收款單位或收款人。收款人可以是本單位、外單位、本單位的附屬機構或個人。收款人應在支票存根聯簽名或蓋章。「密碼號」欄應按銀行提供的密碼單填寫。「簽發人蓋章處」應加蓋單位預留銀行的印鑒。

單位簽發現金支票，若提取現金自己使用，只需在支票的「收款人」欄內填上本單位的名稱，並在現金支票背面加蓋預留銀行的印鑒，即可到銀行提款。若簽發現金支票給其他單位或個人，則要在「收款人」欄填寫收款人的名稱，並要求其在現金支票存根聯上簽字或蓋章。

3. 轉帳支票的簽發

付款單位購買商品或接受勞務時，可以簽發轉帳支票進行結算。轉帳支票由出納

人員簽發。出納人員在簽發轉帳支票時，應首先查驗本單位銀行存款帳戶中是否有足夠的餘額，以免簽發空頭支票，然后再按要求逐項地填寫支票的內容。

(四) 支票的使用

1. 現金支票的使用

付款單位簽發現金支票后，根據交易，可以直接把支票交給收款單位，由其自行到其開戶銀行提取現金；也可以自己持票到本單位開戶銀行提取現金，再支付給收款單位。

收款單位收到現金支票，應首先對支票進行審查，以免收進無效支票或假支票。審查的內容包括：

(1) 支票收款單位是否為本單位。

(2) 支票的各項內容是否填寫齊全，在簽發單位蓋章處是否加蓋了單位印章，大小寫金額和收款人有無塗改，其他內容如有塗改是否加蓋了預留銀行印鑒以示對塗改負責。

(3) 支票大小寫金額填寫是否正確、相符。

(4) 支票是否在付款期內。

(5) 背書轉讓支票其背書是否正確、連續。

(6) 支票書寫是否用墨汁或碳素墨水，填寫是否清晰。

收款單位的出納人員對現金支票審查無誤后，即可在支票背面簽字或加蓋本單位印章（如收款人為個人還需攜帶本人身分證件），直接到開戶銀行提取現金。

2. 轉帳支票的使用

付款單位用轉帳支票進行交易結算。收款單位收到轉帳支票后，首先對轉帳支票進行審查，審查內容同現金支票相同。收款單位出納員對轉帳支票審查無誤后，填製一式兩聯的進帳單（圖5－7），連同轉帳支票一起交到開戶銀行辦理票款入帳。開戶銀行對送來的支票、進帳單進行審查，審查無誤后在進帳單第一聯上加蓋「轉訖」章退回給收款單位，通知其票款已進帳。收款單位根據其開戶銀行蓋章退回的進帳單第一聯編製銀行存款收款憑證。

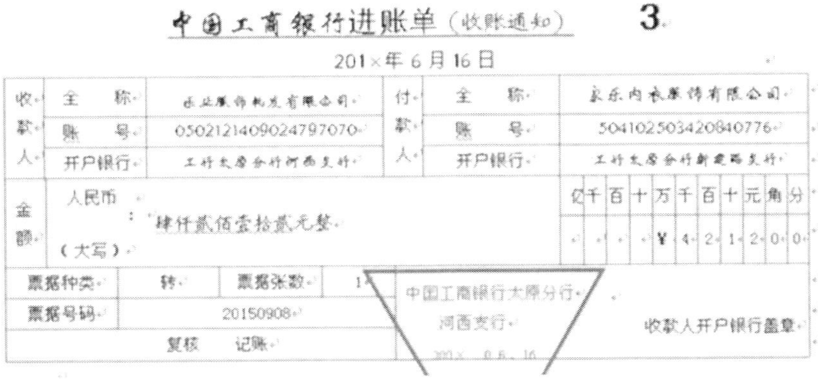
中国工商银行进账单（收账通知）　3

201×年6月16日

收款人	全称		付款人	全称	
	账号	0502121409024797070		账号	504102503420840776
	开户银行			开户银行	

金额　人民币（大写）：肆仟贰佰壹拾贰元整

亿	千	百	十	万	千	百	十	元	角	分
				¥	4	2	1	2	0	0

票据种类	转	票据张数	1
票据号码	20150908		

复核　记账

中国工商银行太原分行河西支行　201×.6.16

收款人开户银行盖章

圖 5－7

如果付款單位簽發轉帳支票后，直接送交其開戶銀行辦理款項劃撥給收款人業務的，付款單位財務部門填製一式兩聯進帳單。在進帳單上，本單位為付款人，交易對方單位為收款人。之后把填好的進帳單連同轉帳支票一起送交本單位開戶銀行。銀行審查無誤后在支票和二聯進帳單上加蓋「轉訖」章，並把第一聯作為收款通知送交收款單位。收款單位據此進行會計核算。

(五) 支票的付款

支票的付款是指開戶銀行受出票人的委託和授權，從其存款中支付支票票款的行為。

1. 支票的驗付

銀行收到收款人或持票人提交的支票后按照相關規定對支票進行審核，審核的內容有：

(1) 支票和進帳單填寫的內容是否一致，金額是否相符。
(2) 支票上的大小寫金額是否一致。
(3) 支票上的金額是否超過結存餘額。
(4) 支票上的記名及背書是否符合規定。
(5) 支票是否在付款期內。
(6) 支票上記載的內容如有更改，有無簽發人簽字或蓋章。
(7) 支票上的簽名和印鑒是否與其預留銀行印鑒相符。如果發現支票上的各項內容有不符規定之處，銀行應不予支付支票票款。

2. 支票的退票

如果支票上記載的各項內容有不符或票件不完備，銀行不能支付，將支票退還持票人，由持票人向其前手和發票人追索，這個過程叫退票。銀行退票時，要出具退票理由書，填明退票原因，並將其與支票進帳單一起退回給持票人（可以是收款人，也可以是付款人）。如果是由於簽發人簽發空頭支票或者簽發不規範而引起銀行退票，銀行按規定要對簽發人給予處罰。

3. 支票的止付

支票的止付，是指支票的持票人遺失支票后，以書面形式通知銀行停止支付支票票款。但是，銀行在接到支票持有人通知前已經支付票款而造成持有人損失的，由其自行負責。關於支票的止付有如下規定：

(1) 已簽發的現金支票遺失，可以向銀行申請掛失。申請掛失時，簽發人應出具公函或有關證明，並加蓋預留銀行印鑒，同時交付一定的掛失手續費。銀行收取掛失手續費，受理申請單位掛失后，在簽發人帳戶的明顯處用紅筆註明「×年×月×日第×號支票掛失止付」字樣，並將公函或有關證明一併保管。

(2) 已簽發的轉帳支票遺失，銀行不予掛失，但付款單位可以請求收款單位協助防範。

4. 付款人印章遺失及更換的處理

存款單位或個人將預留銀行印鑒的印章遺失時，應立即出具正式公函並填寫更換印鑒申請書，說明遺失情況、日期及遺失前最后簽發的支票號碼等內容，向銀行掛失，

辦理更換印鑒手續。經銀行審查后，由掛失單位填寫新印鑒卡更換印鑒，並註明新印鑒啟用日期。印鑒遺失前簽發的支票，在支票有效期內仍屬有效。如在掛失前，單位的印鑒被盜用，簽發支票發生冒領款項的，由單位自行負責。單位若要更換印鑒，同時也要填製更換印鑒申請書，向銀行辦理印鑒更換手續。

第二節　本票結算

一、本票與本票結算

本票是由出票人簽發的，承諾自己在見票時無條件支付確定的金額給收款人或者持票人的票據（圖5-8）。

圖5-8

本票結算是一種利用本票來辦理款項往來清結和支取現金的一種銀行結算方式。

本票結算具有以下特點：

1. 使用方便、靈活

中國現行的銀行本票使用方便靈活。根據中國《支付結算辦法》的規定，單位、個體經濟戶和個人不管其是否在銀行開戶，他們之間在同一票據交換區域內的所有商品交易、勞務供應以及其他款項的結算都可以使用銀行本票。收款單位和個人持銀行本票可以辦理轉帳結算，也可以支取現金，同樣也可以背書轉讓。

2. 信譽高、支付能力強

銀行本票由銀行簽發，並於指定到期日由簽發銀行無條件支付，信譽很高，一般不存在得不到正常支付的問題。其中定額銀行本票由中國人民銀行發行，各大國有商業銀行代理簽發，不存在票款得不到兌付的問題。不定額銀行本票由各大國有商業銀行簽發，由於其資金力量雄厚，因而一般也不存在票款得不到兌付的問題。

3. 見票即付，方便流通

本票信譽很高，支付力強，具有現金的性質，所以在購銷活動中，銷貸方可以見

票付貨，購貨方可以憑票提貨，而且收款人把本票一交給銀行，銀行即為其入帳，省略了許多環節，便利了商品的流通。

二、本票的分類

本票可以按照不同的標準進行不同的分類：

（1）本票按照出票人的性質分為銀行本票和商業本票。中國目前所稱的本票是指銀行本票。

（2）本票按收款人的記載形式不同，分為記名本票和無記名本票。記名本票是指出票人出票時在本票上記載具體的收款人的本票。無記名本票是指出票人在出票時在本票上不記明收款人或僅記「來人」字樣的本票。

（3）本票按照金額是否預先固定，分為定額本票和不定額本票。

三、銀行本票結算的基本規定

（1）單位和個人在同一票據交換區域需要支付各種款項時，均可以使用銀行本票。

（2）銀行本票可以用於轉帳，註明「現金」字樣的銀行本票可以用於支取現金。

（3）銀行本票可分為定額本票和不定額本票兩種。定額本票的面額分為1,000元、5,000元、10,000元和50,000元四種。

（4）銀行本票的出票人為經中國人民銀行當地分支行批准辦理銀行本票業務的銀行機構。

（5）簽發銀行本票必須記載下列事項：①表明「銀行本票」的字樣；②無條件支付的承諾；③確定的金額；④收款人名稱；⑤出票日期；⑥出票人簽章。

欠缺記載上列事項之一的，銀行本票無效。

（6）銀行本票的提示付款期限自出票日起最長不得超過2個月。持票人超過付款期限提示付款的，代理付款人不予受理。銀行本票的代理付款人是代理出票銀行審核支付銀行本票款項的銀行。

（7）出票銀行受理銀行本票申請書，收妥款項簽發銀行本票。

（8）申請人應將銀行本票交付給本票上記明的收款人。收款人受理銀行本票時，應審查下列事項：①收款人是否確為本單位或個人；②銀行本票是否在提示付款期限內；③必須記載的事項是否齊全；④出票人簽章是否符合規定，不定額銀行本票是否有壓數機壓印的出票金額，並與大寫出票金額一致；⑤出票金額、出票日期、收款人名稱是否更改，更改的其他記載事項是否由原記載人簽章證明。

（9）收款人可以將銀行本票背書轉讓給被背書人。被背書人受理銀行本票時，除按照上述規定審查外，還應審查下列事項：①背書是否連續，背書人簽章是否符合規定，背書使用粘單的是否按規定簽章；②背書人為個人的身分證件。

（10）銀行本票見票即付。跨系統銀行本票的兌付，持票人開戶銀行可根據中國人民銀行規定的金融機構同業往來利率向出票銀行收取利息。

（11）在銀行開立存款帳戶的持票人向開戶銀行提示付款時，應在銀行本票背面「持票人向銀行提示付款簽章」處簽章；簽章必須與預留銀行簽章相同，並將銀行本票、進帳單送交開戶銀行。銀行審查無誤后辦理轉帳。

（12）未在銀行開立存款帳戶的個人持票人，憑註明「現金」字樣的銀行本票向出票銀行支取現金的，應在銀行本票背面簽章，記載本人身分證件名稱、號碼及發證機關，並交驗本人身分證件及其複印件。持票人對註明「現金」字樣的銀行本票需要委託他人向出票銀行提示付款的，應在銀行本票背面「持票人向銀行提示付款簽章」處簽章，記載「委託收款」字樣、被委託人姓名和背書日期以及委託人身分證件名稱、號碼、發證機關。被委託人向出票銀行提示付款時，也應在銀行本票背面「持票人向銀行提示付款簽章」處簽章，記載證件名稱、號碼及發證機關，並同時交驗委託人和被委託人的身分證件及其複印件。

（13）持票人超過提示付款期限不能獲得付款的，在票據權利時效內向出票銀行作出說明，並提供本人身分證件或單位證明，可持銀行本票向出票銀行請求付款。

（14）申請人因銀行本票超過提示付款期限或其他原因要求退款時，應將銀行本票提交到出票銀行。申請人為單位的，應出具該單位的證明；申請人為個人的，應出具本人的身分證件。出票銀行對於在本行開立存款帳戶的申請人，只能將款項轉入原申請人帳戶；對於現金銀行本票和未在本行開立存款帳戶的申請人，才能退付現金。

（15）銀行本票遺失，失票人可以憑人民法院出具的其享有票據權利的證明，向出票銀行請求付款或退款。

四、銀行本票結算程序

圖5-9表明了銀行本票的結算程序：

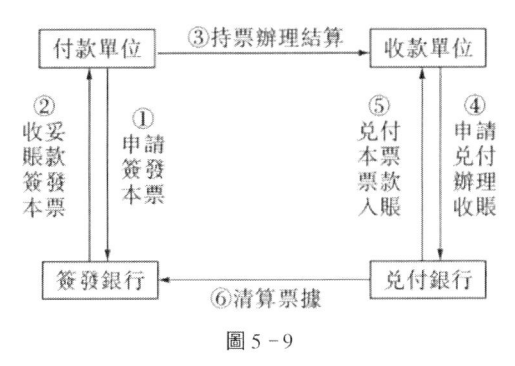

圖5-9

在銀行本票結算方式下，圖5-9中號碼所示的具體內容為：
① 付款人以轉帳或交付現金方式把款項交存簽發銀行，申請銀行簽發本票；
② 銀行收妥帳款后簽發本票；
③ 付款人與收款人持本票辦理結算；
④ 收款人持本票申請兌付辦理收帳；
⑤ 兌付銀行向持本票申請辦理兌付的收款人兌付本票款；
⑥ 兌付銀行向簽發銀行清算票據。

五、銀行本票結算方式的相關問題

(一) 銀行本票的申請

付款單位需要使用銀行本票辦理結算，應向銀行填寫一式三聯的銀行本票申請書，詳細寫明收款單位名稱、申請人名稱、支付金額、申請日期等各項內容。如申請人在簽發銀行開立帳戶的，應在銀行本票申請書第二聯上加蓋預留銀行印鑒。申請人和收款人均為個人，需要支取現金的應在申請書上「支付金額」欄註明「現金」字樣。申請人或收款人為單位的，不得申請簽發現金銀行本票。「銀行本票申請書」的格式由人民銀行各分行確定和印製。

在簽發不定額本票時，如果是用於轉帳的，在本票上劃去「現金」字樣；如果是用於取現金的，在本票上劃去「轉帳」字樣。最後，銀行把本票第一聯連同銀行本票申請書存根聯一併交回給本票申請人。

(二) 本票的出票

本票的出票行為同樣包括「作成」和「交付」兩個方面。首先，本票的出票人必須具備一定的資格才能出票，該資格由中國人民銀行審定。其次，本票的出票人必須具有支付本票金額的可靠資金來源並保證支付。這與匯票的出票人必須具有可靠的資金來源是相同的。

按照《中華人民共和國票據法》（以下簡稱《票據法》）規定，本票必須記載下列事項：①表明「本票」的字樣；②無條件支付的承諾；③確定的金額；④收款人名稱；⑤出票日期；⑥出票人簽章。

本票上未記載上述規定事項之一的，本票無效。

本票上記載付款地、出票地等事項，應當清楚、明確。本票上未記載付款地的，出票人的營業場所為付款地。除了上述規定事項外，本票上可以記載其他出票事項，但是該記載事項不具有匯票上的效力。

出票單位在收到銀行退回的本票第一聯和銀行本票申請書存根聯后，根據申請書的存根聯編製會計分錄：

借：其他貨幣資金——銀行本票
　　貸：銀行存款

把辦理本票時銀行收取的手續費作財務費用來處理，根據銀行的收據，會計分錄為：

借：財務費用
　　貸：現金或銀行存款

(三) 持票購貨

1. 付款單位的處理

付款單位收到銀行簽發的銀行本票后，即可持銀行本票向其他單位購買貨物，辦理貨款結算。付款單位可將銀行本票直接交給收款單位，然后根據收款單位的發票帳

單等有關憑證編製轉帳憑證，會計分錄為：
　　借：材料採購（或商品採購）
　　　貸：其他貨幣資金——銀行本票
　　如果實際購貨金額大於銀行本票金額，付款單位可以用支票或現金等補齊不足的款項，同時根據有關憑證按照不足款項編製銀行存款或現金付款憑證。其會計分錄為：
　　借：材料採購（或商品採購等）
　　　貸：銀行存款（或現金）
　　如果實際購貨金額小於銀行本票金額，則由收款單位用支票或現金退回多餘的款項。付款單位應根據有關憑證，按照退回的多餘款項編製銀行存款或現金收款憑證，會計分錄為：
　　借：銀行存款（或現金）
　　　貸：其他貨幣資金——銀行本票
　　2. 收款單位的處理
　　收款單位收到付款單位交來的銀行本票后，首先應對銀行本票進行認真的審查。審查的內容主要是：①銀行本票上的收款單位或被背書人是否為本單位，背書是否連續；②銀行本票的簽章是否符合規定；③銀行本票中的各項內容是否齊全並符合規定；④銀行本票是否在提示付款期內（提示付款期限為：2月）；⑤出票金額、出票日期、收款人名稱是否更改，更改的其他記載事項是否由原記載人簽章證明；⑥不定額銀行本票是否有壓數機壓印的金額，本票金額大小寫數與壓印數是否相符。
　　審查無誤后，受理付款單位的銀行本票。
　　持票人向開戶銀行收款單位提示付款時，應當填寫一式兩聯進帳單，並在銀行本票背面加蓋單位預留銀行印鑒，將銀行本票連同進帳單一併送交開戶銀行。開戶銀行接到收款單位交來的本票，按規定認真審查：銀行本票是否真實；本票上的收款人或者背書人是否為該單位；背書是否連續；本票填寫的各項內容是否正確；本票是否超過付款期；本票上的匯票專用章及收款單位印章是否正確；不定額銀行本票是否有總行統一訂制的壓數機壓印的金額，大小寫金額是否一致等。審查無誤后即辦理兌付手續，在第一聯進帳單上加蓋「轉訖」章作收款通知退回收款單位。
　　（1）如果購貨金額大於本票金額，付款單位用支票補足款項的，可將本票連同支票一併送存銀行，也可分開辦理。如果收款單位收受的是填寫「現金」字樣的銀行本票，按規定同樣應辦理進帳手續。如果收款人是個體經濟戶或個人，則可憑身分證辦理現金支取手續。收款單位應根據銀行退回的進帳單第一聯及有關原始憑證編製銀行存款收款憑證，會計分錄為：
　　借：銀行存款
　　　貸：主營業務收入
　　　　　應交稅費——應交增值稅（銷項稅額）
　　（2）如果收款單位收到的銀行本票金額大於實際銷售金額，則付款單位應用支票或現金退回多餘的款項。在這種情況下，收款單位可以於收到本票時，根據有關發票存根等原始憑證按照實際銷貨金額編製轉帳憑證，會計分錄為：

借：其他貨幣資金——銀行本票
　　貸：主營業務收入
　　　　應交稅費——應交增值稅（銷項稅額）
　　　　應付帳款——××付款單位
按照用支票或現金退回的金額編製銀行存款或現金付款憑證，會計分錄為：
借：應付帳款——××付款單位
　　貸：銀行存款（或現金）

（3）將銀行本票送存銀行，辦理進款手續後，再根據銀行退回的進帳單編製銀行存款收款憑證，會計分錄為：
借：銀行存款
　　貸：其他貨幣資金——銀行本票

第三節　匯兌結算

一、匯兌與匯兌結算

匯兌是匯款人委託銀行用信匯或電匯方式將其款項支付給收款人，匯兌結算是利用匯兌來辦理款項往來清結的一種銀行結算方式。

匯兌結算方式是銀行傳統的業務，單位和個人的各種款項的結算均可使用匯兌結算方式。新的結算辦法系統完善了這一古老的銀行業務，取消了信匯自帶，擴大了使用範圍，是廣大客戶經常採用的一種結算方式。

二、匯兌的特點與分類

（一）匯兌的特點

匯兌結算適用範圍廣，手續簡便易行，靈活方便，是目前一種應用極為廣泛的結算方式。相對於其他幾種銀行結算方式而言，匯兌具有如下特點：

（1）匯兌結算，無論是信匯還是電匯，都沒有金額起點的限制，不管款多款少都可使用。

（2）匯兌結算屬於匯款人向異地主動付款的一種結算方式。它對於異地單位之間的資金調劑、清理欠支及往來款項的結算等都十分方便。匯兌結算方式還廣泛地用於先匯款後付貨的交易結算。在銷貨單位對購貨單位的資信情況缺乏瞭解或者商品較為緊俏的情況下，可以讓購貨單位先匯款，等收到貨款後再發貨以免收不回貨款。當然購貨單位採用先匯款後發貨的交易方式時，應詳盡瞭解銷貨單位資信情況和供貨能力，以免盲目地將款項匯出卻收不到貨物。如果對銷貨單位的資信情況和供貨能力缺乏瞭解，可將款項匯到採購地，在採購地開立臨時存款戶，派人監督支付。

（3）匯兌結算方式除了適用於單位之間的款項劃撥外，也可用於單位對異地的個人支付有關款項，如退休工資、醫藥費、各種勞務費、稿酬等，還可適用一個人對異

地單位所支付的有關款項，如郵購商品、書刊等。

（二）匯兌的分類

匯兌按憑證傳遞方式的不同分為信匯和電匯兩種，由匯款人根據需要自行選擇。信匯是付款人委託銀行用郵寄憑證的辦法，通知匯入行付款的一種結算方式。電匯是以電信通知匯入行代為付款的方式。在這兩種匯兌結算方式中，信匯費用較低，但是速度相對較慢；電匯具有速度快的優點，但匯款人要負擔較高的費用，因而通常只在緊急情況下或者金額較大時適用。

三、匯兌結算的基本規定

1. 辦理匯款的基本規定

匯款人委託銀行辦理匯兌，應向匯出銀行填寫信、電匯憑證，詳細填明匯入地點、匯入銀行名稱、收款人名稱、匯款金額、匯款用途等各項內容，並在信、電匯憑證第二聯上加蓋預留銀行印鑒。其中，按照規定：

（1）匯款人和收款人均為個人，需要在匯入銀行支取現金的，應在信、電匯憑證上「匯款金額」大寫欄先填寫「現金」字樣，接著再緊靠其後填寫匯款金額大寫。

（2）匯兌憑證上記載收款人為個人的，收款人需要到匯入行領款的，匯款人應在匯兌憑證上註明「留行待取」字樣。留行待取的匯款，需要指定單位的收款人領取匯款的，應註明收款人的單位名稱。

（3）匯款人確定不得轉匯的，應在「備註」欄內註明「不得轉匯」字樣。

（4）匯款需要收款單位憑印鑒支取的，應在信匯憑證第四聯上加蓋收款單位預留銀行印鑒。

採用信匯的，匯款單位出納員應填製一式四聯「信匯憑證」。信匯憑證的第一聯為「回單」，是匯出行受理信匯憑證后給匯款人的回單；第二聯為「支款憑證」，是匯款人委託開戶銀行辦理信匯時轉帳付款的支付憑證；第三聯為「收款憑證」，是匯入行將款項收入收款人帳戶后的收費憑證；第四聯為「收帳通知或取款收據」，是給直接記入收款人帳戶后通知收款人的收款通知，或不直接記入帳戶的收款人憑以領取款項的取款收據。

採用電匯的，電匯憑證一式三聯。第一聯為「回單」，是匯出行給匯款人的回單；第二聯為「支款憑證」，為匯出銀行辦理轉帳付款的支款憑證；第三聯為「匯款依據」，是匯出行憑此向匯入行電子匯款的憑證。

匯出行受理匯款人的信、電匯憑證后，應按規定進行審查，包括：信、電匯憑證填寫的各項內容是否齊全、正確，匯款人帳戶內是否有足夠支付的存款餘額，匯款人蓋的印章是否與預留銀行印鑒相符等。審查無誤后即可辦理匯款手續，在第一聯回單上加蓋「轉訖」章退給匯款單位，並按規定收取手續費；如果不符合條件，匯出銀行不予辦理匯出手續，作退票處理。

匯款單位根據銀行退回的信、電匯憑證第一聯，根據不同情況編製記帳憑證：

（1）如果匯款單位用匯款清理舊欠，應編製銀行存款付款憑證，會計分錄為：

借：應付帳款——××單位
　　貸：銀行存款
（2）如果匯款單位向下級單位撥付資金，應編製銀行存款付款憑證，會計分錄為：
借：撥出經費
　　貸：經費存款
（3）如果匯款單位是為購買對方單位產品而預付貨款，應編製銀行存款付款憑證，會計分錄為：
借：預付貨款
　　貸：銀行存款
（4）如果匯款單位將款項匯往採購地，在採購地銀行開立臨時存款戶，則應編製銀行存款付款憑證，會計分錄為：
借：其他貨幣資金——外埠存款
　　貸：銀行存款

2. 領取匯款的基本規定

按照規定，匯入銀行對開立帳戶的收款單位的款項應直接轉入收款單位的帳戶。採用信匯方式的，收款單位開戶銀行（即匯入銀行）在信匯憑證第四聯上加蓋「轉訖」章后交給收款單位，表示匯款已由開戶銀行代為進帳。採用電匯方式的，收款單位開戶銀行根據匯出行的匯款編製收款通知單，加蓋「轉訖」章作收帳通知交給收款單位，表明銀行已代為進帳。收款單位根據銀行轉來的信匯憑證第四聯或收款通知單編製銀行存款收款憑證，借記「銀行存款」帳戶，貸記有關帳戶（依據匯款的性質而定）。

（1）如對方匯款是用來償付舊欠，則收款單位收款憑證的會計分錄為：
借：銀行存款
　　貸：應收帳款
（2）如果屬於對方單位為購買本單位產品而預付的貨款，收款憑證的會計分錄為：
借：銀行存款
　　貸：預收帳款
（3）待實際發貨時，再根據有關原始憑證編製轉帳憑證，會計分錄為：
借：預收貨款
　　貸：主營業務收入
（4）如果款到即發貨，也可直接編製收款憑證，會計分錄為：
借：銀行存款
　　貸：主營業務收入

需要在匯入銀行支取現金的，信匯（或電匯）憑證上「匯款金額」欄必須註明「現金」字樣，可以由收款人填製一聯支款單，連同信匯憑證第四聯（或收款通知單），並攜帶有關身分證件到匯入銀行取款。匯入銀行審核有關證件後一次性辦理現金支付手續。在匯款憑證上未填明「現金」字樣，需要匯入銀行支取現金的單位，由匯入銀行按照現金管理的規定支付。留行待取的匯款，收款人應攜帶身分證件或匯入地

有關單位足以證實收款人身分的證明去匯入銀行辦理取款。匯入銀行向收款人問明情況，與信、電匯憑證進行核對，並將證件名稱、號碼、發證單位名稱等批註在信、電匯憑證空白處，由收款人在「收款人蓋章」處簽名或蓋章，然后辦理付款手續。如果憑印鑒支取的，收款人所蓋印章必須同預留印鑒相同。收款人需要在匯入地分次支取匯款的，可以由收款人在匯入銀行開立臨時存款戶，將匯款暫時存入該帳戶，分次支取。臨時存款帳戶只取不存，付完清戶，不計付利息。

　　3. 轉匯和退匯的基本規定

　　匯款人因匯入地沒有所需商品等原因需要轉匯時，可以持取款通知和有關證件請求匯入銀行重新辦理信、電匯手續，將款項匯往其他地方。轉匯時，收款人和用途必須與原來的匯款一致。銀行發出的轉匯憑證上要加蓋「轉匯」戳記。註明「不得轉匯」字樣的，匯入銀行不予辦理轉匯。

　　匯款人因故需要退匯的，可以辦理退匯手續。如果匯款是直接匯給收款單位的存款帳戶入帳的，退匯由匯款人和收款人自行聯繫，銀行不介入。如果匯款不是直接匯入收款單位銀行存款帳戶，由匯款人持正式的單位公函以及本人身分證，連同原信、電匯憑證向匯出銀行申請退匯，由匯出銀行通知匯入銀行，經匯入銀行證實未支付，方可退匯；如果匯入銀行在接到匯出銀行通知時款已經支付收款人帳戶或已經被支取，則由匯款人向收款人自行聯繫退匯。凡屬匯入銀行發出通知后，兩個月仍無法交付款項或收款人拒絕收款的，匯入銀行主動辦理退匯手續。

　　匯款單位收到匯出銀行寄來的註有「匯款退回已代進帳」字樣的退匯通知書或者由匯入銀行加蓋了「退匯」字樣、匯出銀行加蓋了「轉訖」章的特種轉帳憑證后，即表明匯款已退回本單位帳戶。財務部門可據此編製銀行存款收款憑證，會計分錄與匯出款項時分錄正好相反。

四、匯兌結算程序

匯兌結算方式下銀行存款業務的辦理程序，如圖 5－10 所示：

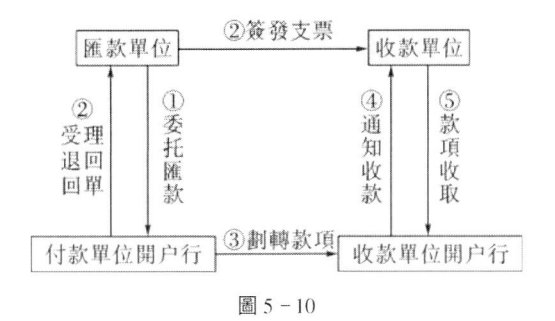

圖 5－10

在匯兌結算方式下，圖 5－10 中號碼所示的具體內容為：
① 匯款人以轉帳或交付現金方式把款項交存銀行，委託銀行辦理匯兌業務；
② 銀行受理后退回回單通知匯款單位；
③ 匯出銀行將款項劃轉給匯入銀行；

④匯入銀行用電匯憑證第三聯或信匯憑證第四聯通知收款人收取匯款；

⑤收款人到匯入銀行辦理款項收取手續，收取匯款。

第四節　銀行托收承付結算

一、銀行托收承付結算

托收承付結算，是收款單位根據經濟合同發貨后，委託銀行向付款單位收取款項，由付款單位按照經濟合同規定核對結算單證或驗貨后向銀行承付款項的一種結算方式。

托收承付結算具有使用範圍較窄、監督嚴格和信用度較高的特點。

托收承付結算辦法的最大特點是其適用範圍受到嚴格的限制：

1. 結算起點

《支付結算辦法》規定，托收承付結算每筆的金額起點為1萬元，新華書店系統每筆金額起點為1千元。

2. 結算適用範圍

《支付結算辦法》規定，托收承付的適用範圍是：

（1）使用該結算方式的收款單位和付款單位，必須是國有企業或供銷合作社以及經營較好，並經開戶銀行審查同意的城鄉集體所有制工業企業。

（2）辦理結算的款項必須是商品交易以及因商品交易而產生的勞務供應款項。代銷、寄銷、賒銷商品款項，不得辦理托收承付結算。

3. 結算適用條件

《支付結算辦法》規定，辦理托收承付，除符合結算適用範圍的兩個條件外，還必須具備以下三個前提條件：

（1）收付雙方使用托收承付結算必須簽有購銷合同。

（2）收款人辦理托收，必須具有商品確已發運的證件。

（3）收付雙方辦理托收承付結算，必須重合同、守信譽。

異地托收承付的監督較為嚴格，從收款單位提出托收到付款單位承付款項，每一個環節都在銀行的嚴格監督下進行。由於異地托收承付是在銀行嚴格監督下進行的，付款單位理由不成立的不得拒付，因而收款單位收款有一定的保證，信用度相對較高。

二、銀行托收承付的分類

按照結算憑證傳遞方式的不同，異地托收承付結算款項的劃回方法，分郵寄和電報兩種，由收款人選用。郵寄和電報兩種托收承付結算憑證均為一式五聯。第一聯回單，是收款人開戶行給收款人的回單；第二聯委託憑證，是收款人委託開戶行辦理托收款項后的收款憑證；第三聯支款憑證，是付款人向開戶行支付貨款的支款憑證；第四聯收款通知，是收款人開戶行在款項收妥后給收款人的收款通知；第五聯承付（支款）通知，是付款人開戶行通知付款人按期承付貨款的承付（支款）通知。

三、銀行托收承付結算的基本規定

按照有關規定,辦理托收承付結算有以下基本規定:

(1) 收付雙方訂有符合《中華人民共和國合同法》(以下簡稱《合同法》) 的購銷合同,並在合同中訂明使用托收承付結算。

(2) 收付雙方信用良好,都能遵守合同規定。根據《支付結算辦法》規定,收款人對同一付款人發貨托收累計三次收不同貨款的,收款人開戶銀行應暫停收款人向付款人辦理托收;付款人累計三次提出無理拒付的,付款人開戶銀行應暫停其向外辦理托收。

(3) 要有貨物確已發運的證件,包括鐵路、航空、公路等承運部門簽發的運單、運單副本和郵局包裹回執等。

對於下列情況,如果沒有發貨證件的,可憑有關證件辦理托收手續:

①鐵道部門的材料廠向鐵道系統供應專用器材,可憑其簽發的註明車輛號碼和發運日期的證明。

②內貿、外貿部門系統內的商品調撥、自備運輸工具發送或自提的,易燃、易爆、劇毒、腐蝕性的商品,以及電、石油、天然氣等必須使用專用工具或線路、管道運輸的,可憑付款單位確已收到商品的證明(糧食部門可憑提貨單及發貨明細表)。

③付款單位購進的商品,在收款單位所在地轉廠加工、配套的,可憑付款單位和承擔加工、配套單位的書面證明。

④外貿部門進口商品,可憑國外發來的帳單、進口公司開出的結算帳單。

⑤收款單位承造或大修理船舶、鍋爐或大型機器等,生產週期長,合同訂明按工程進度分次結算的,可憑工程進度完工證明書。

⑥軍隊使用軍列整車裝運物資,可憑註明車輛號碼和發運日期的單據;軍用倉庫對軍內發貨,可憑總后勤部簽發的提貨單副本,各大軍區、省軍區也可比照辦理。

⑦合同訂明商品由收款單位暫時代為保管的,可憑寄存證及付款單位委託保管商品的證明。

⑧使用鐵路集裝箱或零組湊整車發運商品的,由於鐵路只簽發一張運單,可憑持有發運證件單位出具的證明。

四、銀行托收承付結算方式的相關問題

(一) 托收

托收是收款人根據購銷合同發貨後,委託銀行向付款人收取款項的行為。收款人辦理托收時,應填製托收承付結算憑證。由於托收承付結算分為郵劃和電劃兩種,相應地,托收承付結算憑證也分為郵劃托收承付結算憑證和電劃托收承付結算憑證兩種。收款單位出納員填寫托收承付結算憑證時,應按照規定認真、逐項地填寫憑證上的各項內容,如收、付款單位的全稱、開戶銀行、帳號或地址、托收金額的大小寫,商品發運情況,合同名稱號碼等;並在托收憑證第二聯「收款單位蓋章處」加蓋本單位預

留銀行的印鑒後，連同發運證件或其他符合托收承付結算的有關證明和交易單證，一併送交開戶銀行辦理托收手續。

開戶銀行接到托收承付結算憑證及其附件後，按照托收範圍、條件和托收憑證填寫的要求認真審查，必要時還要驗證雙方簽訂的經濟合同。托收承付憑證的審查時間最長不得超過兩日。經審查無誤的，辦理托收手續，在托收承付結算憑證第一聯加蓋業務公章，並將第一聯交給收款單位。經審查不合要求的，銀行不予辦理，退回托收憑證及有關單證。

收款單位在收到銀行蓋章退交回的托收憑證第一聯後，根據托收憑證第一聯及相關單證編製轉帳憑證，會計分錄為：

借：應收帳款——××單位
　　貸：主營業務收入
　　　　應交稅費——應交增值稅（銷項稅額）

【例5-1】甲公司採用異地托收承付方式向乙公司銷售商品234,000元（含稅），另外代墊運費2,000元，已用轉帳支票支付。

企業用轉帳支票代墊運費時，根據運費單據編製銀行存款付款憑證，其會計分錄為：

借：應收帳款——乙公司　　　　　　　　　　　　　　　2,000
　　貸：銀行存款　　　　　　　　　　　　　　　　　　　2,000

辦妥托收承付手續後，根據銀行轉來的托收憑證第一聯和發票等有關單證編製轉帳憑證。會計分錄為：

借：應收帳款——乙公司　　　　　　　　　　　　　　 234,000
　　貸：主營業務收入　　　　　　　　　　　　　　　　200,000
　　　　應交稅費——應交增值稅（銷項稅額）　　　　　　3,400

此外，收款單位出納員還應根據托收承付結算憑證第一聯登記異地托收承付登記簿，詳細登記辦妥托收日期、付款單位的名稱、帳號、開戶銀行、托收款項內容（如××商品貨款）、托收金額等，等收到付款單位貨款時再進一步登記托回金額和托回日期等。

(二) 承付

付款單位出納員收到開戶銀行轉來的托收承付結算憑證第五聯及有關發運單證和交易單證後，應按規定立即登記「異地托收承付付款登記表」和「異地托收承付處理單」，然後交供應（業務）等職能部門簽收。出納員在登記時，應逐項認真地登記托收單號、收單日期、收款單位名稱、托收款項內容、托收金額等各項內容。

供應部門會同財務部門認真仔細地審查托收承付結算憑證及發運單證和交易單證，審查價格、金額、品種、規格、質量、數量等是否符合雙方簽訂的合同的規定。審查後簽寫全部承付、部分拒付、全部拒付的意見。如為驗貨付款的，還應將有關單證和實際收到貨物作進一步核對，以簽寫處理意見。

付款單位承付貨款可以分為驗單付款和驗貨付款兩種方式，由收付方協商選用，

並在合同中明確加以規定。實行驗貨付款的，收款單位在辦理托收手續時應在托收憑證上加蓋「驗貨付款」戳記。

實行驗單付款的，承付期為 3 天，從付款單位開戶銀行發出承付通知的次日算起，承付期內遇有假日順延，對距離較遠的付款單位必須郵寄的另加郵寄時間。付款單位在收到銀行發出的承付通知後，在承付期內未向銀行表示拒付貨款的，銀行視做承付處理，在承付期滿的次日將款項按收款單位指定的劃款方式劃給收款單位。

實行驗貨付款的，其承付期為 10 天，從運輸部門向付款單位發出提貨通知的次日算起。另外，也可根據實際情況由雙方協商確定驗貨付款期限，在合同中明確規定，並由收款單位在托收承付憑證上予以註明。這樣，銀行按雙方約定的付款期限辦理付款。付款單位收到提貨通知後，應立即通知銀行並交驗提貨通知。付款單位在銀行發出承付通知後的 10 天或收付雙方約定的期限（從次日算起）內，如未收到提貨通知，則應在第 10 天或約定期限內將貨物尚未到達的情況通知銀行。如果未通知，銀行即視做已經驗貨，於 10 天或約定期限內的次日上午開始營業時將款項劃給收款單位。

付款單位承付托收款項後，應當根據托收承付結算憑證第五聯及有關交易單證編製銀行存款付款憑證，會計分錄為：

　借：材料採購（或原材料等）
　　貸：銀行存款

不論驗單付款還是驗貨付款，付款人都可以在承付期內提前向銀行表示承付，並通知銀行提前付款，銀行應立即辦理劃款。因商品的價格、數量或金額變動，付款人多承付款項的，須在承付期內向銀行提出書面通知，銀行據此將當次托收的款項劃給收款人。付款人不得在承付貨款中，扣抵其他款項或以前托收的款項。

(三) 部分付款

付款單位在承付期滿日銀行營業終了時，銀行帳戶內無足夠資金支付托收款項，只能部分支付時，銀行將填製特種轉帳憑證，將第一聯特種轉帳借方憑證加蓋業務公章後交給付款單位作收款通知，同時通知收款單位開戶銀行由其通知收款單位。付款單位收到銀行轉來的特種轉帳憑證，按照部分支付款項，編製銀行存款付款憑證。會計分錄為：

　借：材料採購（或原材料等）
　　貸：銀行存款

同時按照未付金額編製轉帳憑證，其會計分錄為：

　借：材料採購（或原材料等）
　　貸：應付帳款——××單位

收款單位收到開戶銀行蓋章後轉來的作為收款通知的特種轉帳貸方憑證，按照部分劃回款項金額編製銀行存款收款憑證。會計分錄為：

　借：銀行存款
　　貸：應收帳款——××單位

(四)逾期付款

付款人在承付期限日銀行營業終了時,如無足夠資金支付其不足部分,即為過期未付款項,按逾期付款處理。

(1)付款人開戶行對逾期未付的款項,應當根據逾期金額和逾期天數,按每天萬分之五計算逾期賠償金。逾期付款天數從承付期滿日算起,承付期滿日銀行營業終了時,付款人如無足夠資金支付其不足部分,應當算作逾期一天,計算一天的賠償金。

在承付期滿的次日(如遇法定休假日,逾期款賠償金的天數計算相應順延,但在以後遇法定假日應當照算逾期天數)銀行營業終了時,仍無足夠資金支付其不足部分,應當算作逾期兩天,計算兩天的賠償金。

銀行審查拒絕付款期間,不能算作付款人逾期付款,但對無理的拒絕付款,而增加銀行審查時間的,應從承付期滿日起計算逾期付款賠償金。

【例5-2】甲公司的託收承付款項500,000元,於5月6日承付期滿,因存款不足只劃付了100,000元,到5月26日才全部付清,計算逾期付款賠償金。

解 逾期未付金額:500,000 - 100,000 = 400,000元

逾期天數:20天(26日 - 6日)

應付滯納金 = 400,000 × 20 × 0.05% = 4,000元

(2)賠償金實行定期扣付,每月計算一次,於次月三日內單獨劃給收款單位。付款單位在承付期當月內有部分支付的貨款及相應的滯納金,銀行按規定計算后與貨款一併劃給收款單位;對未支付的貨款,月終計算滯納金於次月三日單獨劃交收款單位;次月又有部分支付貨款時,從當月一日起計算滯納金於第二個月三日內劃交收款單位;第三個月仍有部分支付貨款的按照上述辦法計扣滯納金。

銀行按規定扣付延期付款滯納金,應列為銷售收入「扣款順序」的首位;屬於拖欠貨款被處罰的滯納金在扣款順序中列為優先,由銀行強制執行立即扣劃,由此產生的經濟后果由付款單位自負。扣付滯納金時付款單位存款帳戶存款不足以全額支付滯納金的,銀行對帳戶採取「只收不付」的控制辦法,待帳戶能足額支付滯納金時,及時辦理扣付后,才能準予辦理其他款項的支付。

銀行扣付滯納金時,應填製特種轉帳憑證,在第一聯特種轉帳借方憑證上加蓋業務用公章后送付款單位。付款單位據此編製銀行存款付款憑證,記入營業外支出。

(3)付款人開戶銀行要隨時掌握付款人帳戶逾期未付的資金情況。帳戶有款時,必須將逾期未付款項和應付的賠償金及時扣劃給收款人,不得拖延扣劃。在各單位的流動資金帳戶內扣付貨款要嚴格按照國務院關於國有企業銷貨收入扣款順序,即預留工資后,按照應繳稅款、到期貸款、應償付貸款、應上繳利潤的順序扣款。同類性質的款項按照應付時間的先后順序扣款。

(4)付款人開戶銀行對付款人逾期未能付款的情況,應當及時通知收款人開戶銀行,由其轉知收款人。

(5)付款人開戶銀行對不執行合同規定、三次拖欠貨款的付款人,應當通知收款人開戶銀行轉知收款人,停止對該付款人辦理託收。收款人不聽勸告的,繼續對該付

款人辦理托收。付款人開戶銀行對發出通知的次日起 1 個月之後收到的托收憑證，可以拒絕受理，註明理由后原件退回。

（6）付款人開戶銀行對逾期未付的托收憑證，負責進行扣款的期限為 3 個月（從承付期滿日算起）。在此期限內，銀行必須按照扣款順序陸續扣款。期滿時，付款人帳戶不能全額或部分支付該筆托收款項，開戶銀行向付款人發出索回單證的通知（一式四聯，一聯給付款人），付款人於銀行發出通知日的次日起兩日內（到期日遇法定休假日順延，郵寄的加郵程）必須將第五聯托收憑證（部分無款的除外）及有關單證（單證已作帳務處理或已部分支付的，可以填製應付款項證明單）退回開戶銀行。經銀行審核無誤后，在托收憑證登記簿備註欄註明單證退回日期和「無款支付」字樣，將二聯通知書連同四、五聯托收憑證寄收款人開戶行轉交收款人，並將應付的賠償金劃給收款人。

對付款人逾期不退回單證的，開戶銀行應當自發出通知的第三天起，按照該筆尚未付清欠款的金額，每天處以萬分之五但不低於 50 元的罰款，並暫停付款人向外辦理結算業務，直到退回單證時止。

(五) 拒絕付款

1. 付款單位的處理

付款單位在承付期內，經驗單或驗貨后有下列情況，可向銀行提出全都拒付或部分拒付：

（1）托收的款項，不是雙方簽訂的購銷合同所規定的款項或未註明採用異地托收承付結算方式所結算的款項。

（2）未按合同規定的到貨地址發貨的款項。

（3）未經雙方事先達成協議，收款人提前交貨或因逾期交貨，而付款人已不需要該項貨物的款項。

（4）代銷、寄銷、賒銷商品的款項。

（5）驗貨付款方式下，經查驗貨物與合同規定或發貨清單不符的款項。

（6）驗單付款方式下，發現所列貨物的品種、規格、數量、價格與合同規定不符，或貨物已到，經查驗與合同規定或發貨清單不符的款項。

（7）款項已支付或計算有錯誤的款項。

付款單位提出拒付時，必須在承付期內由出納人員填製好一式四聯的托收承付結算全部或部分拒絕承付理由書，加蓋公章後交其開戶銀行，同時向銀行提供有關證明材料。其中，全部拒付應將原托收承付結算憑證的第五聯及有關交易單證送交開戶銀行，部分拒付的應出具拒付商品清單。

開戶銀行收到付款單位的拒付理由書及有關單證后，應進行認真的審查。經審查同意全部或部分拒付的，在拒付理由書第一聯上加蓋業務用公章作為回單（全部拒付）或支款通知（部分拒付）退回付款單位。同時，將拒付理由書、連同有關證明材料、托收憑證、交易單證（全部拒付）及拒付商品清單（部分拒付）等寄給收款單位開戶銀行轉交收款單位。經審查認為拒付理由不成立的，不受理拒付，仍按托收承付規定

實行強制扣款，劃給收款單位。另外，對於付款單位自提自運商品的，不辦理拒付，因為付款單位在自提自運商品時對商品的品種、規格、數量、質量等已當面驗收過了。

付款單位收到銀行蓋章退回的「拒絕承付理由書」後，如果是全部拒付的，由於沒有引起其資金的增減變動，因而無須進行會計處理，只需將拒付承付理由書妥善保管，並在托收承付付款登記簿中對拒付情況加以登記即可。如果在拒付時，收款單位發出的商品、物資已經收到，應在「代管物資登記簿」中對收到的貨物進行詳細登記。如果付款單位實行部分拒付，應根據銀行蓋章退回的「拒絕承付理由書」，按照部分承付金額編製銀行存款付款憑證。會計分錄為：

借：材料採購（或原材料等）
　　貸：銀行存款

付款單位拒付后，對收到的收款單位發來的商品、物資應負責妥善保管，不能動用。銀行如果發現付款單位動用收款單位的商品、物資，有權將款項從帳戶中轉劃給收款單位，並從承付期滿之日起，扣計逾期付款滯納金。

2. 收款單位的處理

收款單位收到其開戶銀行轉來的付款單位的拒付通知後，應認真對照合同條款，看對方提出的拒付理由能否成立；如屬於對方無理拒付，可向開戶銀行重辦托收，填寫「重辦托收理由書」，將其中三聯連同經濟合同和有關證據、退回的原托收憑證及交易單證，一併送交開戶銀行；經銀行審查確屬無理拒付的，可以重辦托收。由於辦理托收時所填寫的付款單位地址、開戶銀行有誤或者帳號不符、單據不全等原因等被對方退回的，收款單位進行更正后，也可以向銀行申請重辦托收。由於付款單位變更名稱、帳號等又不通知收款單位而影響結算的，其責任由付款單位負責。如果是由於銀行工作上的差錯造成付款單位拒付的，應由銀行負責。如果確實是由於本單位發貨錯誤或者產品質量不符合合同要求等造成對方拒付的，應及時與付款單位取得聯繫、協商解決辦法。如果經過協商由付款方退回所購貨物的，財務部門編製轉帳憑證，衝銷退回貨物已入帳的銷售收入。會計分錄為：

借：主營業務收入
　　貸：應收帳款——××單位

同時對於已退回貨物發運時和退回時所承擔的運雜費等，也應編製記帳憑證，會計分錄為：

借：銷售費用
　　貸：應收帳款（發貨時代墊）

如果經過協商，由收款單位給予付款單位一定的銷售折扣，則可以重新辦理托收承付手續，當然也可以採用其他結算方式結算。重新辦理托收手續可以衝減原有銷售收入，按照新的托收憑證重新確立銷售收入，也可以在原有銷售收入基礎上進行會計處理。

第五節　匯票結算

一、匯票與匯票結算

匯票是出票人簽發的、委託付款人在見票時或者在指定日期無條件支付確定的金額給收款人或者持票人的票據。匯票是國際結算中使用最廣泛的一種信用工具（圖5-11）。

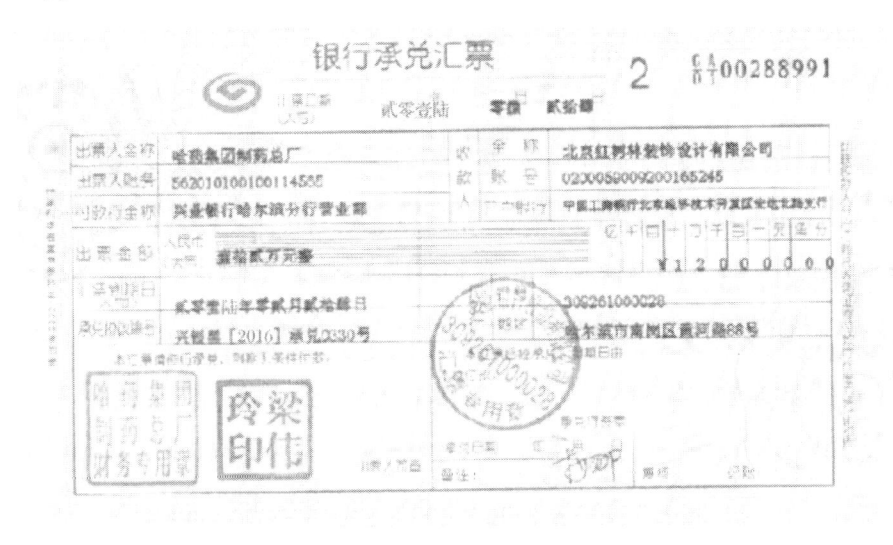

圖 5-11

匯票結算是一種利用匯票來辦理款項往來清結的一種銀行結算方式。

（一）匯票結算的當事人

匯票是一種無條件支付的委託，有三個當事人：出票人、付款人和收款人。

1. 出票人

出票人是開立票據並將其交付給他人的法人、其他組織或者個人。出票人對收款人及正當承擔票據持票人在提示付款或承兌時必須付款或者承兌的保證責任。

2. 付款人

付款人就是受票人，即接受支付命令的人，通常為銀行。

3. 收款人

收款人又叫「匯票的抬頭人」，是指受領匯票所規定的金額的人。

（二）匯票的特點

1. 匯票與本票、支票的聯繫

（1）匯票與本票、支票具有的相同性質。

①都是設權有價證券。

匯票與本票、支票的票據持票人憑票據上所記載的權利內容，來證明其票據權利以取得財產。

②都是格式證券。

匯票與本票、支票的票據格式（其形式和記載事項）都是由法律（即票據法）嚴格規定，不遵守格式對票據的效力有一定的影響。

③都是文字證券。

匯票與本票、支票的票據權利的內容以及與票據有關的一切事項都以票據上記載的文字為準，不受票據上文字以外事項的影響。

④都是可以流通轉讓的證券。

一般債務契約的債權，如果要進行轉讓時，必須徵得債務人的同意。而匯票與本票、支票作為流通證券的票據，可以經過背書或不作背書僅交付票據的簡易程序而自由轉讓與流通。

⑤都是無因證券。

匯票與本票、支票票據上權利的存在只依票據本身上的文字確定，權利人享有票據權利只以持有票據為必要，至於權利人取得票據的原因、票據權利發生的原因均可不問。這些原因存在與否、有效與否，與票據權利原則上互不影響。

（2）匯票與本票、支票具有的相同票據功能。

① 匯兌功能。

匯票與本票、支票都憑藉票據的匯兌功能，解決兩地之間現金支付在空間上的障礙。

②信用功能。

匯票與本票、支票都憑藉票據的信用功能，解決現金支付在時間上的障礙。票據本身不是商品，它是建立在信用基礎上的書面支付憑證。

③支付功能。

匯票與本票、支票都憑藉票據的支付功能，解決現金支付在手續上的麻煩。票據通過背書可多次轉讓，在市場上成為一種流通、支付工具，減少現金的使用。

2. 匯票與本票、支票的不同

（1）證券性質不同。

本票是約定（約定本人付款）證券，匯票是委託（委託他人付款）證券，支票是委託支付證券。

（2）在使用區域上有區別。

本票只用於同城範圍的商品交易和勞務供應以及其他款項的結算，支票可用於同城或票據交換地區，匯票在同城和異地都可以使用。

（3）付款期限不同。

本票付款期為1個月，逾期兌付銀行不予受理；匯票承兌到期，持票人方能兌付；支票付款期為10天。

（4）基本當事人不同。

匯票和支票有三個基本當事人，即出票人、付款人、收款人；而本票只有出票人

（付款人和出票人為同一個人）和收款人兩個基本當事人。

（5）資金關係不同。

支票的出票人與付款人之間必須先有資金關係，才能簽發支票；匯票的出票人與付款人之間不必先有資金關係；本票的出票人與付款人為同一個人，不存在所謂的資金關係。

（6）主債務人不同。

支票和本票的主債務人是出票人；而匯票的主債務人，在承兌前是出票人，在承兌後是承兌人。

（7）追索權不同。

支票、本票持有人只對出票人有追索權，而匯票持有人在票據的有效期內，對出票人、背書人、承兌人都有追索權。

二、匯票的分類

匯票可以從不同的角度進行不同的分類：

（1）匯票按照其商業性質的不同分為銀行匯票和商業匯票。

（2）匯票按照票據關係不同分為一般匯票和變式匯票。

一般匯票是指匯票上的三個基本當事人即出票人、付款人和收款人分別為三個不同的人的匯票。變式匯票是指出票人、付款人和收款人中有兩個是同一個人充任的匯票。

（3）匯票按照受款人的記載形式不同分為記名匯票、指示匯票和無記名匯票。

記名匯票是出票人在匯票上寫明受款人的名稱的匯票。指示匯票是出票人在匯票上不僅寫明受款人的名稱，而且還加上「或其指定人」字樣的匯票。無記名匯票是出票人在匯票上沒有寫明受款人的名稱，或者僅註明「來人」字樣的匯票。

（4）匯票按照期限長短不同分為即期匯票和遠期匯票。

即期匯票是指見票即付的匯票，遠期匯票是指必須到約定日期方可請求付款的匯票。

（5）匯票按照通行地域區分為國內匯票和國外匯票。

國內匯票是匯票的簽發地和付款地均在國內並在國內流通的匯票。國外匯票是匯票的簽發地和付款地有一個在國外，或者均在國外，並在國內外均可流通的匯票。

三、匯票結算的基本規定

（一）匯票的出票

《中華人民共和國票據法》（以下簡稱《票據法》）規定：「匯票的出票人必須與付款人具有真實的委託付款關係，並且具有支付匯票金額的可靠資金來源。」之所以這樣規定是因為出票人雖然不負付款責任，但他應負擔保責任，也就是說當匯票在到期日前未獲承兌或者到期時不能獲得付款時，持票人有權向發票人行使追索權，請發票人償還匯票金額及其他有關費用。《票據法》還規定：出票人「不得簽發無對價的匯票用

以騙取銀行或者其他票據當事人的資金」，否則必須承擔相應的法律責任。

1. 出票人出票

（1）出票時必須記載的事項。

出票人出票時，匯票上必須記載下列事項：①表明「匯票」的字樣；②無條件支付的委託；③確定的金額；④付款人的名稱；⑤收款人的名稱；⑥出票日期；⑦出票人簽章。這七項內容是匯票上必須記載的事項，如果匯票上未記載上述規定內容之一的，該匯票無效。匯票上記載的付款日期、付款地、出票地等事項應當清楚、明確。

付款日期即匯票到期日，可以按照下列形式之一記載：①見票即付；②定日付款，即指定某一天為付款日期；③出票後定期付款，如出票後一個月或半個月付款等；④見票後定期付款，如見票後一個月付款。匯票上未記載付款日期的為見票即付。

出票地是指匯票上記載的簽發匯票的地點。匯票上未記載出票地的，出票人的場所、住所或者經常居住地為出票地。

付款地點就是票據金額的支付地點。匯票上未記載付款地的，付款人的營業所、住所或者經常居住地為付款地。

（2）出票時可以記載的事項。

匯票上可以記載票據法規定以外的其他出票事項，但該記載事項不具有匯票上的法律效力。

2. 出票人責任

出票人在匯票得不到承兌或者付款時，應當向持票人清償匯票金額、應付的利息以及其他有關費用。

(二) 匯票的背書

背書是匯票持票人轉讓權利或授予他人一定票據權利的票據行為。按照規定，匯票持票人可以將匯票權利轉讓給他人或者將匯票權利授予他人行使，除非出票人在匯票上記載「不得轉讓」字樣。持票人將匯票權利轉讓給他人或者授予他人行使時，應背書並交付匯票。

1. 背書必須記載的內容

背書人背書時應當在匯票的背面記載有關事項，包括被背書人名稱，背書的年、月、日，背書人簽名或蓋章。按照規定，匯票以背書轉讓或者以背書的形式將一定的匯票權利授予他人行使時，必須記載被背書人名稱，同時背書由背書人簽章並記載背書日期。背書未記載日期的，視為在匯票到期日前背書。如果匯票憑證不能滿足背書人記載事項的需要，可以加附粘單，粘附於票據憑證上。粘單上的第一記載人，應當在匯票和粘單的粘接處簽章。

2. 背書時可以記載的內容

（1）委託收款的記載。

背書人可在匯票上記載「委託××收款」字樣，那麼被背書人有權代表背書人向付款人請求承兌和付款。如果被拒絕承兌或付款，那麼他就有權向其他債務人行使追索權，但是被背書人不得再將匯票背書轉讓給其他人。

(2) 禁止背書的記載。

背書人可在匯票上記載「不得轉讓」字樣。一旦背書人在匯票上記明「不得轉讓」字樣，被背書人便不得再將該匯票背書轉讓他人。如果被背書人再背書轉讓的，原背書人對於后手的被背書人將不承擔保證責任。比如甲將匯票背書轉讓給乙，並在匯票上註明「不得轉讓」字樣，那麼乙便不得再將匯票背書轉讓他人。如果乙再將匯票轉讓給丙，那麼一旦付款人拒絕承兌或付款，甲將不對丙承擔保證責任。

(3) 質押的記載。

背書人可以在匯票上記載「票面金額因設定質押請付給××」字樣，或者直接記載「質押」字樣，表明背書人以票據權利為設定質權。通俗地講，這就是背書人將票據作為抵押品抵押給被背書人的一種行為。被背書人取得匯票后，背書人在匯票到期日前償還質權的，即可贖回匯票；無法償還質權的，被背書人依法實現其質權時，可以行使匯票權利。比如甲向乙借款 5 萬元，以票面金額為 5 萬元的匯票作抵押，將其背書轉讓給乙；如果匯票到期前甲不能歸還 5 萬元借款，那麼乙便可行使匯票權利，從付款人處取得匯票金額。

背書時可以記載的這些內容記載或不記載都不影響背書的效力，但一旦記載便產生了效力。

3. 背書不應記載的內容

背書不應記載的內容是在背書時。這些內容的記載對匯票本身是無益的，因而不應當記載，即使記載也不產生票據上的效力，或者使背書無效。

(1) 背書不得附有條件。

背書時附有條件的，所記載的條件不具有匯票上的效力。這是因為匯票是一種承諾無條件支付一定金額的有價證券；無條件支付委託是匯票必須記載的內容，如果背書時附有條件，將否定匯票無條件支付的性質，因而即使記載了也不具有匯票上的效力。

(2) 將匯票金額一部分轉讓給他人的背書或者將匯票金額分別轉讓給兩人以上的背書無效。

4. 背書的連續

背書連續是在票據轉讓中，轉讓匯票的背書人與受讓匯票的被背書人在匯票上的簽章依次前后銜接、依次傳遞，沒有間斷。甲背書給乙，乙再背書給丙，丙再背書給丁。如果甲背書給乙，乙背書給丙，而持票人是丁，匯票上並沒有表明丙如何將匯票背書轉讓給了丁，就無法證明丁的合法的匯票權利。持票人以背書的連續，證明其匯票權利。

5. 背書人的保證責任

背書人以背書轉讓匯票后，即承擔保證其后手所持匯票承兌和付款的責任。如果匯票到期得不到承兌或者付款時，那麼背書人應當向被背書人清償匯票金額，按規定支付應付的利息以及其他有關費用。

(三) 匯票的承兌

承兌是匯票付款人承諾在匯票到期日支付匯票金額的票據行為。承兌是匯票特有

的行為，本票、支票不存在承兌問題。匯票是由出票人委託付款人付款的委付證券，但是出票行為生效並沒使付款人成為匯票上的債務人，必須承擔付款責任。這就需要設立一種使付款人表示願意承擔付款責任的制度，使收款人或持票人的付款請求權得以落實，這種制度就是匯票的承兌制度。匯票的承兌要注意以下幾點：

1. 持票人提示承兌

提示承兌是持票人向付款人出示匯票，請求其承諾付款的行為。持票人必須在承兌提示期內提示承兌，見票即付的匯票無需提示承兌；見票後定期付款的匯票，持票人應當自出票日起1個月內向付款人提示承兌；而屬於定日付款或者出票後定期付款的匯票，持票人應該在匯票到期日前向付款人提示承兌。匯票未按照規定期限提示承兌的，持票人喪失對其前手的追索權。

2. 付款人承兌或拒絕承兌

付款人對向其提示承兌的匯票，應當自收到提示承兌的匯票之日起3日內承兌或者拒絕承兌。付款人決定承兌的，應當按《票據法》規定的記載方式和記載事項在匯票上作承兌。票據法規定承兌必須記載的事項有：「承兌」字樣、承兌人簽章、承兌日期。前兩項為絕對應記載事項，欠缺記載為承兌無效。承兌日期為相對應記載事項。付款人收到提示承兌的匯票時，應當向持票人簽發收到匯票的回單。回單上應記明匯票提示承兌日期並簽章。

3. 付款人承兌匯票不得附有條件

承兌附有條件的，視為拒絕承兌。承兌後，付款人應當承擔到期付款責任。

(四) 匯票的保證

票據保證是指當票據債務人信用不足時，以擔保票據債務為目的所產生的一種票據行為。按照《票據法》的規定，保證人應由匯票債務人以外的他人擔當。如果由債務人來充當保證人，也就起不到增強票據信用的目的。凡票據上的債務人都可以充當被保證人，如匯票上的發票人、承兌人、背書人等，都有被保證的資格。

匯票保證可以記載在匯票上，包括匯票的正面和反面，也可以記載在匯票的粘單上。按規定保證人必須在匯票或者粘單上記載下列事項：①「保證」字樣；②保證人名稱和住所；③被保證人的名稱；④保證日期；⑤保證人簽章。

保證人在匯票或者粘單上未記載被保證人的名稱的，已承兌的匯票，承兌人為被保證人；未承兌的匯票，出票人為被保證人。保證人在匯票或者粘單上未記載保證日期的，出票日期為保證日期。保證不得附有條件，附有條件的不影響對匯票的保證責任。

保證人與被保證人負有同一責任，也就是說保證人所負的責任以被保證人的責任為限。保證人對合法取得匯票的持票人所享有的匯票權利承擔保證責任。但是，被保證人的債務因匯票記載事項欠缺而無效的除外。也就是說，當匯票到期後得不到付款時，持票人有權向保證人請求付款，保證人應當足額付款。如果保證人為二人以上的，保證人之間承擔連帶責任。這種連帶責任是法定的，當其中一人清償了全部債務後，依法向其他保證人行使追索權。保證人清償匯票債務後，可以行使持票人對被保證人

及其前手的迫索權，這是保證人的權利。

(五) 匯票的付款

付款是匯票的付款人向持票人支付匯票金額的行為。付款包括持票人作付款提示和付款人支付票款兩個環節。

1. 付款提示

付款提示是持票人向付款人出示匯票，請求其付款的行為。按照規定，持票人應當按照下列規定期限提示付款：

（1）見票即付的匯票，自出票日起 1 個月內向付款人提示付款；

（2）定日付款、出票后定期付款或者見票后定期付款的匯票，自到期日 10 日內向承兌人提示付款。

持票人未按照規定期限提示付款的，在作出說明后，承兌人或者付款人仍應當繼續對持票人承擔付款責任。通過委託收款銀行或者通過票據交換系統向付款人提示付款的，視同持票人提示付款。

2. 支付票款

按照《票據法》的規定，如果持票人按照規定的期限提示付款，那麼付款人必須在持票人提示付款的當日付款。付款人對定日付款、出票后定期付款或者見票后定期付款的匯票，在到期日前付款的，由付款人自行承擔所產生的責任。

當持票人提示付款時，付款人應當是定額付款，即按照匯票金額全部一次支付給持票人，不得部分付款。持票人獲得付款的，應當在匯票上簽收，並將匯票交給付款人。持票人委託銀行收款的，受委託的銀行將代收的匯票金額轉入持票人帳戶，視同簽收。付款人及其代理付款人付款時，應當審查匯票背書的連續性，並審查提示付款人的合法身分證明或者有效證件。

付款人及其代理付款人以惡意或者有重大過失付款的，應當自行承擔責任。這裡所說的「惡意付款」主要是指明知持票人並不是真正權利人但仍然付款，「有重大過失付款」是指付款人若稍加注意即可發現持票人並不是真正權利人，但沒有作調查就付款。作為付款人，如果以惡意或者有重大過失付款的，當真正權利人向其要求付款時，他們必須付款，這是他應當自行承擔的責任。

按照《票據法》規定，付款人依法足額地付款以後，全體債務人（包括主債務人和從債務人）的責任解除，票據權利義務消亡，票據也就完成了其流通使命。

(六) 匯票的追索

匯票到期日前有下列情形之一的，持票人可以行使追索權：①匯票被拒絕承兌；②承兌人或者付款人死亡、逃匿；③承兌人或者付款人依法宣告破產的或因違法被責令終止業務活動的。

按照《票據法》規定，持票人有下列追索權利：

（1）持票人為出票人的，對其前手無追索權；持票人為背書人的，對其后手無追索權。

（2）持票人有權請求被追索人支付下列金額和費用：①被拒絕付款的匯票金額；

②匯票金額自到期日或者提示付款日起至清償日止，按中國人民銀行規定的流動資金貸款利率計算利息；③取得有關拒絕證明和發出通知書的費用。

被追索人清償債務時，持票人應當交出匯票和有關拒絕證明並出具所收利息和費用收據。

按照規定，被追索人清償債務后，可以向其他匯票債務人行使再追索權，請求其他匯票債務人支付下列金額和費用：①已清償的全部資金；②前項資金自清償之日起至再追索清償日止，按照中國人民銀行規定的流動資金貸款利率計算的利息；③發出通知書的費用。

行使再追索權的被追索人獲得清償時，應當交出匯票和有關拒絕證明，並出具所收到的利息和費用的收據。

第六節　銀行匯票結算

一、銀行匯票與銀行匯票結算

銀行匯票是出票銀行簽發的，由出票銀行在見票時按照實際結算金額無條件支付給收款人或者持票人的票據。銀行匯票的出票銀行為匯票付款人。

銀行匯票結算是一種利用銀行匯票來辦理款項往來清結和支取現金的一種銀行結算方式。

銀行匯票結算具有以下特點：

1. 適用範圍廣泛

銀行匯票是目前異地結算中較為廣泛採用的一種結算方式，單位、個體經濟戶和個人向異地支付各種款項都可以使用。

2. 信用度高，安全可靠

銀行匯票是銀行在收到匯款人款項后簽發的支付憑證，具有較高的信用。當匯票遺失時，失票人可以憑人民法院出具的其享有票據權利的證明，向出票銀行請求付款或退款。

3. 票隨人到，使用靈活，方便結算

銀行匯票是人到票到，而且它既可以用於轉帳結算，填明「現金」字樣后，也可以用於支取現金，兌現性很強。在憑票購貨后，未用完的貨款也會自動退給銀行匯票申請人，錢貨兩清，防止了不合理的預付債款和交易尾欠的發生，便於交易的結算。

二、銀行匯票結算的當事人

銀行匯票結算的當事人有：

1. 出票人

出票人是銀行匯票的簽發銀行。按現行規定，只有參加「全國聯行往來」的中國人民銀行和各商業銀行才能簽發匯票，充當發票人。

2. 收款人

收款人是指從銀行提取匯票所匯款項的單位和個人。收款人可以是「匯款人」本身，也可以是與匯款人有著商業勞務交易、匯款人要與之辦理結算的其他人。注意，這裡「匯款人」不是匯票上的當事人。

3. 代理付款人

銀行匯票的代理付款人是代理本系統出票銀行或跨系統簽約銀行審核支付匯票款項的銀行。

三、銀行匯票結算程序

銀行匯票結算的程序，根據具體情況不同，可以分為三種情況：

1. 持票人支取現金的結算程序

持票人支取現金的結算是持票人持票去兌付銀行直接支取現金，其基本核算程序見圖 5－12。

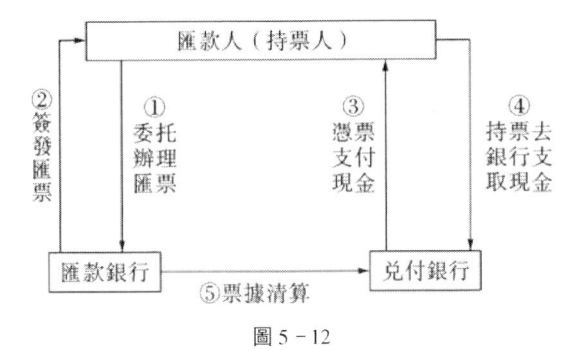

圖 5－12

2. 持票人到兌付銀行辦理轉帳結算程序

持票到兌付銀行辦理轉帳結算是持票人直接去兌付銀行辦理轉帳，與銷貨單位辦理結算，其基本程序見圖 5－13。

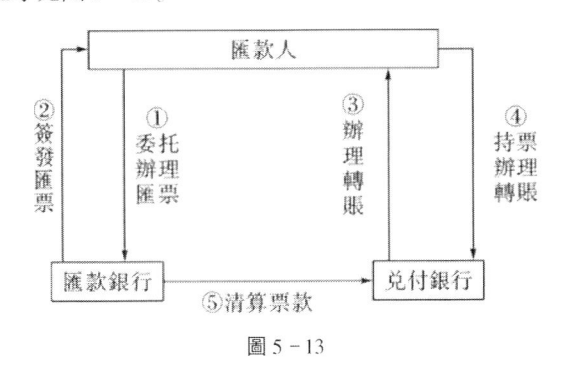

圖 5－13

3. 收款單位或被背書人到兌付銀行辦理結算程序

收款單位或被背書人到兌付銀行辦理結算是匯款單位持票人購貨后將銀行匯票交給收款單位或背書轉讓給有關單位或個人，由收款單位或被背書人直接到兌付銀行辦

理結算。其基本程序見圖 5－14。

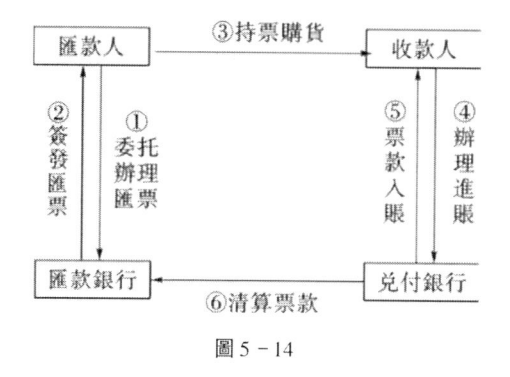

```
         ③持票購貨
匯款人 ────────────→ 收款人
  │  │                │  │
② │① │              ⑤│ ④│
簽 │委              票 │辦
發 │托              款 │理
匯 │辦              入 │進
票 │理              賬 │賬
  │匯                │
  │票                │
  ↓  ↓                ↓  ↓
匯款銀行 ←──────── 兌付銀行
          ⑥清算票款
```

圖 5－14

四、銀行匯票結算方式的相關問題

（一）銀行匯票的申請

單位或個人因業務需要使用銀行匯票時，應當首先填寫「銀行匯票請領單」，經請領人簽章和單位領導審批后，由財務部門具體辦理銀行匯票手續。銀行匯票請領單的內容包括：領用銀行匯票的部門、經辦人、匯款用途、收款單位名稱、開戶銀行、帳號等。

財務部門根據「銀行匯票請領單」具體向銀行辦理銀行匯票時，應向簽發銀行填寫「銀行匯票委託書」，詳細、認真地填明匯款人名稱和帳號、收款人名稱和帳號、兌付地點、匯款金額、匯款用途（軍工產品可免填）等內容，並在委託書上加蓋匯款人預留銀行的印鑒；如果需要在兌付地支取現金的，須填明兌付銀行名稱，並在「匯款金額」欄先填寫「現金」字樣，后填寫匯款金額。「銀行匯票委託書」填好以後，經銀行審查後簽發銀行匯票。如匯款人未在銀行開立存款帳戶，則可以交存現金辦理銀行匯票。

匯款人辦理銀行匯票，能確定收款人的，須詳細填寫收款單位、個人或個體經濟戶的名稱或姓名；確定不了的，應填寫匯款人指定人員姓名。

「銀行匯票委託書」一式三聯。第一聯是存根，由匯款人作記帳的傳票；第二聯是存款憑證，是簽發行辦理匯票的轉出傳票；第三聯是收款憑證，是由簽發行作匯出匯款收入傳票。若申請人用現金辦理銀行匯票，可以註銷第二聯。

（二）銀行匯票的簽發

簽發銀行受理了「銀行匯票委託書」后，經過對委託書的內容和印鑒的驗收，並收妥現金或辦妥轉帳，即可向匯款人簽發銀行匯票。

1. 銀行匯票的內容

銀行匯票的主要內容包括：①收款人姓名或單位；②匯款人姓名或單位；③簽發日期（發票日）；④匯款金額、實際結算金額、多餘金額；⑤匯款用途；⑥兌付地、兌付行、行號；⑦付款日期。

銀行匯票一式四聯。第一聯為卡片，由簽發行結清匯票時作匯出匯款的付出傳票；第二聯為銀行匯票，第三聯為解訖通知，這兩聯由匯款人自帶；在兌付行兌付匯票后，第二聯作為聯行往來付出傳票，第三聯隨報單寄簽發行，由簽發行作餘款收入傳票；第四聯是多餘款通知，在簽發行結清后交匯款人。

2. 簽發銀行匯票應注意的問題

（1）銀行匯票一律記名，即在匯票中必須指定某一特定人為收款人。

（2）銀行匯票的付款期限為一個月（不分大月、小月，統按次月對日計算，到期遇節假日順延）。逾期的匯票，兌付銀行不予辦理。

（3）銀行匯票的匯款金額起點為500元。

（4）確定不得轉匯的，應在備註欄註明。

（5）填寫的匯票經復核無誤后，在匯票聯上用紅色印泥加蓋規定的印章，並在實際結算金額內的小寫金額上端用人民銀行總行統一製作的壓數機壓印出匯款金額，然後連同解訖通知聯一併交給匯款人。

3. 簽發銀行匯票的核算

（1）匯款單位財務部門收到銀行簽發的「銀行匯票聯」和「解訖通知聯」后，根據銀行蓋章退回的「銀行匯票委託書」第一聯，編製會計分錄為：

借：其他貨幣資金──銀行匯票

　　貸：銀行存款

如果匯款單位用現金辦理銀行匯票，會計分錄為：

借：其他貨幣資金──銀行匯票

　　貸：庫存現金

（2）對於銀行按規定收取的手續費、郵電費，匯款單位根據銀行出具的收費收據，計入「財務費用」。

4. 銀行匯票登記簿

出納人員收到銀行簽發的銀行匯票並將其交給請領人后，應按規定登記「銀行匯票登記簿」，將與銀行匯票有關的內容都逐一地進行登記，以備日后查對。

(三) 銀行匯票的使用

匯款單位取得銀行匯票后，即可由請領人帶往兌付地點，辦理結算業務或支取現金。由於經濟業務的具體情況存在差異，銀行匯票的收款人填寫有所不同，使用銀行匯票辦理結算業務的具體方法也有所差異：

（1）匯款單位持票人到匯入地點辦理採購業務，並且在銀行匯票的第二聯、第三聯上已明確填好了收款單位或個人的名稱及帳號情況，持票人可將這兩聯一併交給收款單位的財務部門，由收款單位直接到其開戶銀行辦理進帳。

（2）匯款單位持票人到匯入地點辦理採購業務，銀行匯票上「收款人」欄內填寫的是匯款單位持票人姓名，持票人可以持票到匯入銀行直接辦理轉帳結算，也可以背書轉讓給收款單位，由其直接到銀行辦理進帳。

（3）匯款單位持票人到匯入地點進行採購業務，且匯票上「收款人」欄內填寫的

是匯款單位持票人的姓名。在該種情況下，如果需要分次付款的，持票人可持「銀行匯票聯」和「解訖通知聯」連同本人身分證，到兌付銀行申請開立一個「臨時存款帳戶」，與收款單位辦理結算業務。這種臨時存款帳戶，只取不存，不計算存款利息。

（4）匯款單位持票人到匯入地點辦理採購業務，若在匯入地採購不到所需貨物而準備到其他地方繼續採購時，除註明不得轉匯的銀行匯票以外，持票人可持「銀行匯票聯」並說明轉匯指定地點。轉匯的方式可以由持票人根據需要選擇。如繼續採用銀行匯票方式的，就需再次填寫「銀行匯票委託書」，交銀行簽發新的銀行匯票。委託書上「收款人」和「匯款用途」應與原來內容相同。

匯款單位使用銀行匯票購貨或付款后，等到簽發銀行轉來銀行匯票第四聯，即可以根據該聯中「實際結算金額」欄的實際結算額及發票等原始憑證，編製會計分錄。如企業以銀行匯票購買原材料，根據對方的銷貨發票等憑證及簽發行退回的銀行匯票第四聯，編製會計分錄：

借：材料採購
　　應交稅費——應交增值稅（進項稅額）
　貸：其他貨幣資金——銀行匯票

如果銀行匯票金額大於實際結算金額，出現多餘款時，匯款單位的財務部門根據銀行轉來的銀行匯票第四聯中所列的「多餘」數，編製的會計分錄為：

借：銀行存款
　貸：其他貨幣資金——銀行匯票

對於收款人或被背書人，應該仔細審查銀行匯票。收款入或被背書人審查無誤后，在匯款金額以內，應根據實際需要辦理結算，將實際結算金額和多餘金額準確、清晰地填入銀行匯票解訖通知有關欄內。如果填錯，應用紅色全部劃去，在其上方重填正確的數字並加蓋本單位的印章。這種更改，只限一次。

收款人或被背書人填寫完結算金額和多餘金額后，將銀行匯票解訖通知一併提繳兌付銀行，缺少任何一聯均無效。收款人在銀行開有帳戶的，可在銀行匯票背面加蓋預留銀行印章，再連同解訖通知、進帳單送交開戶銀行轉帳。未在銀行開立帳戶的，在驗交本人身分證件或兌付地有關單位足以證實收款人身分的證明后，在銀行匯票背面蓋章或簽字，註明證件名稱、號碼及發證機關，才能辦支取手續。

進帳單一式兩聯，第一聯稱為回單或收帳通知，由收款單位開戶銀行蓋章后退回收款單位作收款通知；第二聯又稱收入憑證，由收款單位開戶銀行作收入傳票。收款單位根據銀行退回的進帳單第一聯所列的實際結算金額和發票存根聯等原始憑證，編製銀行存款收款憑證，會計分錄為：

借：銀行存款
　貸：主營業務收入
　　　應交稅費——應交增值稅（銷項稅額）

（四）銀行匯票的背書

按照現行規定，填明「現金」字樣的銀行匯票不得背書轉讓。區域性銀行匯票僅

限於本區域內背書轉讓。銀行匯票的背書轉讓以不超過匯款金額為準。未填寫實際結算金額或實際結算金額超過匯款金額的銀行匯票不得背書轉讓。

　　背書時，背書人必須在銀行匯票第二聯背面「背書」欄填明其個人身分證件及號碼、並簽章，同時填明被背書人名稱與背書日期。被背書人在受理銀行匯票時，應審查：銀行匯票是否記載實際結算金額，有無更改，其金額是否超過匯款金額；背書是否連續，背書人簽章是否符合規定，背書使用單是否按規定簽章；背書人為個人的，其身分證件是否真實等。被背書人按規定在匯票有效期內，在「被背書人」一欄簽章並填製一式二聯進帳單后到開戶行辦理結算，會計核算辦法與一般銀行匯票收款人相同。

(五) 銀行匯票的兌付

　　兌付行收到收款人 (或被背書人) 交來的匯票及「解訖通知」后，應進行認真的審查。對於在銀行開戶的收款人，主要審查：匯票和解訖通知是否同時提交；匯票上的收款人是否為該收款人，是否在匯票背面「收款人蓋章」(或「被背書人」) 處加蓋預留銀行印鑒，是否與進帳單上的收款人名稱相符，票上的印章是否真實、符合規定；匯票上的金額是否由統一訂制的壓數機壓印，與大寫的匯款金額是否一致；匯票本身是否真實，有無防偽標誌，填寫是否符合要求，內容有無塗改；匯票的付款期是否超過；實際結算金額是否在匯款金額以內，與進帳單填寫的金額是否一致，多餘金額的結算是否正確等等。對於未在銀行開戶的單位，除了審查上述內容外，還要審查收款人的身分證件、收款人在匯票上的背書以及註明證件名稱、號碼、發證單位。審查無誤后，銀行即辦理有關結算業務。

(六) 銀行匯票的拒付

　　銀行在收到收款人或被背書人提交的銀行匯票時，經過審查發現有下列情況的，將予以拒付：

　　(1) 偽造、變造 (憑證、印章、壓數機) 的銀行匯票。
　　(2) 非總行統一印製的全國通匯的銀行匯票。
　　(3) 超過付款期的銀行匯票。
　　(4) 缺匯票聯或解訖通知聯的銀行匯票。
　　(5) 背書不完整、不連續的銀行匯票。
　　(6) 塗改、更改匯票簽發日期、收款人、匯款大寫金額的銀行匯票。
　　(7) 已經在銀行掛失、止付的現金銀行匯票。
　　(8) 匯票殘損、污染嚴重無法辨認的銀行匯票。

　　對拒付的匯票銀行將退還給持票人。對偽造、變造以及塗改的匯票，銀行除了拒付以外，還將報告有關部門進行查處。

(七) 銀行匯票的退款

　　匯款人因銀行匯票超過付款期或其他原因沒有使用銀行匯票要求退款時，可持銀行匯票和解訖通知到簽發銀行辦理。銀行匯票的申請退款有以下幾種辦理過程：

（1）匯款人在銀行開戶的，當其向簽發行申請退款時，應備函向簽發行說明申請退款的原因，並將未用的「銀行匯票聯」和「解訖通知聯」交回匯票簽發行。銀行將這兩聯同銀行留存的銀行匯票「卡片聯」核對無誤后，辦理退款手續，將銀行匯票金額劃入匯款單位帳戶。

（2）匯款人未在銀行開戶的，當其向簽發行申請退款時，應將「銀行匯票聯」和「解訖通知聯」以及本單位的有關證件交給銀行簽發行，經銀行審驗無誤后，辦理退款。

（3）匯款人若由於「銀行匯票聯」和「解訖通知聯」缺少其中之一而不能在兌付行辦理兌付的，在其向簽發行申請退款時，應將剩餘聯退給銀行匯票簽發銀行並備函說明短缺其中之一的原因，經簽發銀行審查同意后辦理退款手續。

匯款單位辦理退款手續后，待收到銀行轉回的銀行匯票第四聯「多餘款收帳通知聯」時，財務部門據此聯中「多餘金額」欄編製銀行存款收款憑證，會計分錄為：

借：銀行存款
　　貸：其他貨幣資金——銀行匯票

（八）銀行匯票的保管與遺失

由於銀行匯票具有現金的性質，所以對它的保管就應像對待現金那樣認真保管，嚴格控制，以防出現差錯，給單位造成經濟損失。但是，如果由於不慎或其他原因而發生銀行匯票遺失，應分情況進行如下處理：

（1）持票人丟失的是填寫了「現金」字樣的銀行匯票，持票人可即向銀行（包括兌付行或簽發行）掛失。申請掛失時，要填寫一式三聯的「匯票掛失申請書」，並向銀行交付一定的手續費。銀行受理后，迅速同匯款人或收款人取得聯繫，說明銀行匯票遺失情況，以防止被冒領，並促進結算的順利辦理。

（2）持票人丟失的銀行匯票是已經填寫了收款單位名稱但沒有指定匯入銀行的轉帳匯票，由於該種匯票沒有明確匯入銀行，且可以用之直接到收款單位提貨，所以銀行不予掛失，但可以向收款單位說明情況，請求其協助防範。

（3）持票人丟失的是填寫了持票人姓名的轉帳匯票，由於該種匯票可以背書轉讓，沒有確定的收款人和兌付行，銀行不予掛失，但可以予以協助。

在銀行受理掛失前，遺失的銀行匯票如被冒領，銀行概不負責。遺失的銀行匯票在付款期滿一個月，確未被冒領，可以辦理退款手續。

第七節　商業匯票結算

一、商業匯票與商業匯票結算

商業匯票是指由付款人或存款人（或承兌申請人）簽發，由承兌人承兌，並於到期日向收款人或被背書人支付款項的一種票據。承兌是指匯票的付款人願意負擔起票面金額的支付義務的行為，也就是承認到期將無條件地支付匯票金額的行為。

商業匯票結算是指利用商業匯票來辦理款項結算的一種銀行結算方式。與其他銀行結算方式相比，商業匯票結算具有如下特點：

1. 適用範圍相對較窄

商業匯票的適用範圍相對較窄，各企業、事業單位之間只有根據購銷合同進行合法的商品交易，才能簽發商業匯票。除商品交易以外，其他方面的結算，如勞務報酬、債務清償、資金借貸等均不可採用商業匯票結算方式。

2. 使用對象相對較少

商業匯票使用對象相對較少，使用對象是在銀行開立帳戶的法人。使用商業匯票的收款人、付款人以及背書人、被背書人等都必須同時具備兩個條件：一是在銀行開立帳戶，二是具有法人資格。個體工商戶、農村承包戶、個人、法人的附屬單位等不具有法人資格的單位或個人，以及雖具有法人資格但沒有在銀行開立帳戶的單位都不能使用商業匯票。

3. 必須經過承兌

商業匯票可以由付款人簽發，也可以由收款人簽發，但都必須經過承兌。只有經過承兌的商業匯票才具有法律效力，承兌人負有到期無條件付款的責任。商業匯票到期，因承兌人無款支付或其他合法原因，債權人不能獲得付款時，可以按照匯票背書轉讓的順序，向前手行使追索權，依法追索票面金額。該匯票上的所有關係人都應負連帶責任。

商業匯票的承兌期限由交易雙方商定，一般為3個月至6個月，最長不得超過6個月，分期付款的應一次簽發若干張不同期限的商業匯票。商業匯票的提示付款期限為自匯票到期日起10日內。

4. 沒有結算起點

商業匯票沒有結算起點的限制，並且在同城、異地都可以使用。

5. 可以辦理貼現

未到期的商業匯票可以到銀行辦理貼現，從而使結算和銀行資金融通相結合，有利於企業及時地補充流動資金，維持生產經營的正常進行。

6. 允許背書轉讓

商業匯票一律記名並允許背書轉讓。

7. 不支付現金

商業匯票到期后，一律通過銀行辦理轉帳結算，銀行不支付現金。

二、商業匯票的分類

商業匯票按其承兌人的不同，分為商業承兌匯票和銀行承兌匯票兩種。

商業承兌匯票是由存款人簽發，經付款人承兌，或者由付款人簽發並承兌的匯票。銀行承兌匯票是指由付款人或承兌申請人簽發，並由承兌申請人向開戶銀行申請，經銀行審查同意承兌的匯票。

三、商業匯票結算的當事人

商業匯票的結算關係中當事人有：出票人、承兌人、付款人和受款人四種。

1. 商業承兌匯票的當事人

（1）出票人。

商業承兌匯票的出票人是指簽發商業承兌匯票的人，可以是交易中收款人，即賣方，也可以是交易中的付款人，即買方。

（2）承兌人。

商業承兌匯票的承兌人是承認到期將無條件支付匯票金額的人。如果出票人是賣方，則承兌人是買方；如果出票人是買方，則其本人即為承兌人。

（3）付款人。

商業承兌匯票的付款人是買方的開戶銀行。

（4）受款人。

商業承兌匯票的受款人是交易中的收款方，也就是賣方。

2. 銀行承兌匯票的當事人

（1）出票人。

銀行承兌匯票的出票人是承兌申請人，即付款人。

（2）付款人和承兌人。

銀行承兌匯票的付款人和承兌人是付款人的開戶銀行，即承兌銀行。

（3）受款人。

銀行承兌匯票的受款人是與出票人簽訂購銷合同的收款人，即賣方。

四、商業匯票結算的基本規定

商業匯票由於其規範性、靈活性，在經濟交往和商品流通中佔有重要的地位。使用商業匯票這種結算方式，應注意以下問題：

（1）在銀行開立存款帳戶的法人以及其他組織之間，必須具有真實的交易關係或債權債務關係，才能使用商業匯票。

（2）商業承兌匯票的出票人，為在銀行開立帳戶的法人以及其他組織，與付款人具有真實的委託付款關係，具有支付匯票金額的可靠資金來源。

（3）銀行承兌匯票的出票人，必須具備下列條件：

①是在承兌銀行開立存款帳戶的法人及其他組織；

②與承兌銀行具有真實的委託付款關係；

③資信狀況良好，具有支付匯票金額的可靠資金來源。

五、商業匯票結算程序

商業匯票結算的程序，根據具體情況不同，可以分為三種情況：

1. 由付款單位（承兌人）簽發商業承兌匯票的結算程序（圖5-15）

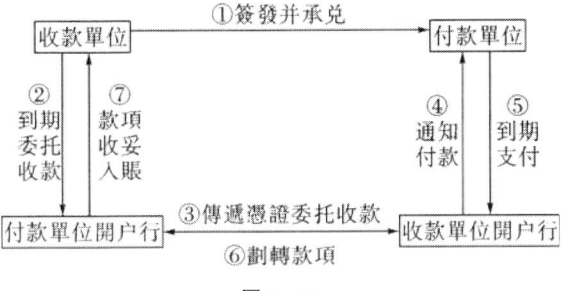

```
             ①簽發并承兌
   收款單位 ──────────────→ 付款單位
     ↑↓                        ↑↓
   ②  ⑦                      ④  ⑤
   到  款                      通  到
   期  項                      知  期
   委  收                      付  支
   託  妥                      款  付
   收  入
   款  賬
             ③傳遞憑證委託收款
 付款單位開戶行 ←────────── 收款單位開戶行
             ⑥劃轉款項
```

圖5-15

① 付款人簽發並承兌商業承兌匯票後，把它交給收款單位；
② 收款單位在匯票到期時委託其開戶行收取貨款；
③ 收款單位的開戶行通過聯行往來把委託收款的結算憑證傳遞給付款單位開戶行，委託其向付款單位收款；
④ 付款單位開戶行把委託收款憑證的第五聯和商業承兌匯票的第二聯轉給付款單位，通知其付款；
⑤ 付款單位付款；
⑥ 付款單位的開戶行把付款單位支付的款項劃轉給收款單位的開戶行；
⑦ 收款單位的開戶行收取貨款後，直接劃入收款單位的銀行存款帳戶，同時，用進帳單的第一聯通知收款單位，款項已收妥入帳。

2. 由收款單位簽發商業承兌匯票的結算程序

由收款單位簽發商業承兌匯票的結算程序同上一種程序基本相同，差別只在商業承兌匯票的簽發承兌環節：先由收款單位簽發商業承兌匯票，之後把它交給付款單位，由付款單位承兌；付款單位承兌後，再把商業承兌匯票的第二聯轉給收款單位。

3. 銀行承兌匯票的結算程序流程（圖5-16）

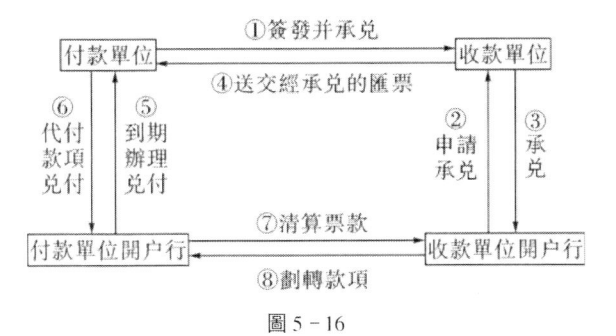

```
              ①簽發并承兌
    付款單位 ──────────────→ 收款單位
              ④送交經承兌的匯票
     ↑↓                         ↑↓
    ⑥  ⑤                      ②  ③
    代  到                      申  承
    付  期                      請  兌
    款  辦                      承
    項  理                      兌
    兌  兌
    付  付
              ⑦清算票款
 付款單位開戶行 ←────────── 收款單位開戶行
              ⑧劃轉款項
```

圖5-16

六、商業匯票結算方式的相關問題

(一) 商業匯票的簽發

我們以銀行承兌匯票的簽發為例，說明商業匯票簽發的步驟。

1. 簽訂交易合同

交易雙方經過協商，簽訂交易合同，並在合同中註明採用銀行承兌匯票進行結算。作為銷貨方，如果知曉對方的商業信用不佳，或者對對方的信用狀況不甚瞭解，使用銀行承兌匯票較為穩妥。因為銀行承兌匯票由銀行承兌，由銀行信用作為保證，能保證及時地收回貨款。

2. 簽發銀行承兌匯票

付款方按照雙方簽訂的合同的規定，簽發銀行承兌匯票。

銀行承兌匯票一式四聯：第一聯為卡片，由承兌銀行支付票款時作付出傳票；第二聯由收款人開戶行向承兌銀行收取票款時作聯行往來帳付出傳票；第三聯為解訖通知聯，由收款人開戶銀行收取票款時隨報單寄給承兌行，承兌行作付出傳票附件；第四聯為存根聯，由簽發單位編製有關憑證。

付款單位出納員在填製銀行承兌匯票時，應當逐項填寫銀行匯票中簽發日期、收款人和承兌申請人（即付款單位）的單位全稱、帳號、開戶銀行，匯票金額大、小寫，匯票到期日、交易合同編號等內容，並在銀行承兌匯票的第一聯、第二聯、第三聯的「匯票簽發人蓋章」處加蓋預留銀行印鑒及負責人和經辦人印章。

(二) 商業匯票的兌付

我們以商業承兌匯票的兌付為例，說明商業匯票兌付的步驟。

1. 商業承兌匯票的承兌

商業承兌匯票由付款人承兌。

由付款人簽發的商業承兌匯票，由其本人進行承兌。承兌時只需在商業承兌匯票的第二聯正面簽署「承兌」字樣，並加蓋預留銀行的印鑒后，交給收款單位即可。由收款人簽發的商業承兌匯票，應把它先交給付款單位承兌后，再由收款單位專類保管。

商業承兌匯票是在商品交易基礎上，表明購貨方和供貨方雙方債權債務關係的票據。所以，當付款單位把經過其承兌的商業承兌匯票交給收款方后，應編製轉帳憑證對該筆業務進行反應，會計分錄為：

借：材料採購
　　應交稅費——應交增值稅（進項稅額）
　貸：應付票據

出納人員在寄交匯票時，應登記「應付票據備查簿」，逐項記錄開出票據的種類（商業承兌匯票）、交易合同號、票據編號、收款單位、簽發日期、到期日期、匯票金額等內容。

相反，當收款單位收到經付款單位承兌的商業承兌匯票后，應編製轉帳憑證予以反應，會計分錄為：

借：應收票據
　　貸：主營業務收入
　　　　應交稅費——應交增值稅（銷項稅額）

出納人員據此登記「應收票據登記簿」，逐項填寫備查簿票的種類、交易合同號、簽發日期、到期日期、匯票金額、承兌等內容。

2. 商業承兌匯票的委託銀行收款

收款單位的財務部門對每張將到期的匯票，在其到期前應提前委託銀行收款。委託銀行收款時，應填寫一式五聯的「委託收款憑證」。在其中「委託收款憑證名稱」欄內填明「商業承兌匯票」字樣及匯票號碼，在商業承兌匯票第二聯背後加蓋上收款單位的公章，之後送交開戶銀行。開戶銀行經審查同意辦理收款手續后，將蓋章后的委託收款憑證第一聯退回給收款單位保存。

3. 商業承兌匯票的到期兌付

付款單位簽發了商業承兌匯票以后，應根據匯票第一聯（卡片）進行登記的情況，在匯票到期日前備足票款，交存開戶銀行。待到商業承兌匯票到期，其開戶行將票款劃撥給收款人、被背書人或貼現銀行，同時通知其該商業承兌匯票款已付。

付款單位根據其開戶行的收取通知，編製銀行存款付款憑證，會計分錄為：

借：應付票據
　　貸：銀行存款

同時在「應付票據備查簿」上登記到期付款的日期、金額，並在註銷欄內予以註銷。

收款單位根據其開戶行的收帳通知，編製銀行存款收款憑證，會計分錄為：

借：銀行存款
　　貸：應收票據

同時在「應收票據備查簿」上登記付款日期和金額情況，並在註銷欄內予以註銷。

如果在商業承兌匯票到期時，付款單位無款支付或不足以支付匯票款，付款單位開戶行要對付款人按票面金額處以 5% 但不低於 50 元的罰款，並通知其送回委託收款憑證及所附商業承兌匯票。付款單位要在接到銀行通知的次日起 2 日內將委託收款憑證第五聯及商業承兌匯票第二聯退回開戶行。付款單位開戶行在收到付款單位退回的憑證后，在其收存的委託收款憑證第三聯和第四聯「轉帳原因」欄註明「無款支付」字樣，並加蓋銀行業務公章，一併退回收款單位開戶行轉交給收款單位，由收款單位自行處理。若付款單位財務部門已將其開戶行轉來的委託收款憑證和商業承兌匯票作了記帳憑據而無法退回時，可以用「應付款項證明單」予以替代。證明單一式兩聯，第二聯由付款人留存作為應付款項的憑證，第一聯即可作為委託收款憑證第五聯和商業承兌匯票第二聯的替代，送交其開戶行，由開戶行連同其他憑證一併退回收款單位。

（1）付款單位因無力支付商業承兌匯票款時，應編製轉帳憑證，把應付票據轉為應付帳款，並同時在「應付票據備查簿」中進行登記。結轉應付票據的會計分錄為：

借：應付票據
　　貸：應付帳款

（2）收款單位收到其開戶行轉來的付款單位退回的商業承兌匯票后，也應編製一筆轉帳憑證，把應收票據轉到應收帳款，會計分錄為：

借：應收帳款
　　貸：應收票據

同時也在「應收票據備查簿」中對其加以記錄。

（3）如果收、付款單位經協商，繼續採用商業承兌匯票方式進行結算，則另開出新的商業承兌匯票，並編製分錄，把應付、應收票據轉回，會計分錄為：

收款單位：借：應收票據
　　　　　　貸：應收帳款
付款單位：借：應付帳款
　　　　　　貸：應付票據

（4）如果付款單位確實無法支付該筆帳款，收款單位只有把該筆帳款作為壞帳損失，會計分錄為：

借：壞帳準備（或管理費用）
　　貸：應收帳款

（5）付款單位對於其無力支付票據的罰款，應根據其開戶行轉來的罰款憑證，作為營業外支出處理。會計分錄為：

借：營業外支出
　　貸：銀行存款

(三) 商業匯票的貼現

貼現是指匯票持有人將未到期的商業匯票交給銀行，銀行按照票面金額扣收自貼現日至匯票到期日期間的利息，將票面金額扣除貼現利息後的淨額交給匯票持有人。商業匯票持有人在資金暫時不足的情況下，可以憑承兌的商業匯票向銀行辦理貼現，以提前取得貨款。

商業匯票的持票人向銀行辦理貼現必須具備下列條件：

①在銀行開立存款帳戶的企業法人以及其他組織；
②與出票人或者前手之間有真實的商品交易關係；
③提供與直接前手之間的增值稅發票和商品發運單據複印件。

商業匯票持有人辦理匯票貼現的步驟為：

1. 申請貼現

匯票持有人向銀行申請貼現，應填製一式五聯「貼現憑證」。貼現憑證第一聯（代申請書）交銀行作貼現付出傳票；第二聯（收入憑證）交銀行作貼現申請單位帳戶收入傳票；第三聯（收入憑證）交銀行作貼現利息收入傳票；第四聯（收帳通知）交銀行給貼現申請單位作收帳通知；第五聯（到期卡）交會計部門按到期日排列保管，到期日作貼現收入憑證。

銀行按照有關規定對匯票及其貼現憑證進行審查。審查合格后在貼現憑證「銀行審批」欄裡簽註「同意」字樣，並加蓋有關人員的印章后送交銀行會計部門。

2. 辦理貼現

銀行會計部門經過復核后，按照規定計算並在貼現憑證上填寫貼現率、貼現息和實際支付的貼現金額。計算的公式為：

貼現利息＝貼現金額×貼現天數×日貼現率

日貼現率＝月貼現率÷30

實際支付金額＝貼現金額－應付貼現利息

3. 匯票到期

匯票到期，由貼現行通過付款單位的開戶行向付款單位收取貨款。如果貼現的是銀行承兌匯票，不論付款單位有無足款將款項交存給其開戶銀行，貼現銀行都可以從承兌銀行（即付款單位開戶行）取得票款，不再與貼現單位發生關係。如果貼現的是商業承兌匯票，若匯票到期時付款單位無款償付或不足償付，則貼現銀行將已貼現的商業承兌匯票退回給貼現單位，並開出特種轉帳傳票，在其中「轉帳原因」欄註明「未收到××號匯票，貼現款已從你帳戶收取」字樣，從貼現單位的銀行存款帳上把已貼現票款直接劃出。貼現單位收到銀行退回的商業承兌匯票和特種傳票后，編製銀行付款憑證，會計分錄為：

借：應收帳款
　　貸：銀行存款

同時，立即向付款單位追索票款。如果貼現單位也存款不足時，根據《銀行結算辦法》的規定，貼現銀行可將貼現的匯票款作為貼現單位逾期貸款，會計分錄為：

借：應收帳款
　　貸：短期借款

第八節　銀行委託收款結算

一、銀行委託收款結算

銀行委託收款結算是收款人向銀行提供收款依據，委託銀行向付款人收取款項的一種結算方式。

銀行委託收款具有使用範圍廣、靈活、簡便等特點。

1. 使用範圍廣泛

從使用範圍來看，凡是在銀行和其他金融機構開立帳戶的單位和個體經營戶的商品交易、勞務款項以及其他應收款項的結算都可以使用銀行委託收款結算方式。城鎮公用企事業單位向用戶收取的水費、電費、電話費、郵費、煤氣費等等，也都可以採用委託收款結算方式。

2. 不受地點的限制

銀行委託收款不受地點的限制，在同城、異地都可以辦理。

3. 不受金額起點的限制

銀行委託收款不受金額起點的限制。凡是收款單位發生的各種應收款項，不論金額大小，只要委託銀行就可辦理。

4. 方式靈活

銀行委託收款有郵寄和電報劃回兩種方式，收款單位可以根據需要靈活選擇。

5. 銀行不負責審查拒付理由

銀行委託收款結算中，銀行不負責審查付款單位拒付理由。委託收款結算方式是一種建立在商業信用基礎上的結算方式，即由收款人先發貨或提供勞務，然後通過銀行收款，銀行不參與監督，結算中發生爭議由雙方自行協商解決。因此，收款單位在選用此種結算方式時應當慎重，應當瞭解付款方的資信狀況，以免發貨或提供勞務後不能及時收回款項。

6. 銀行委託收款付款期為 3 天，憑證索回期為 2 天。

二、銀行委託收款結算方式的相關問題

(一) 委託收款的委託和付款

1. 委託

收款單位在銷售商品后，根據發票、運單等憑證，到銀行辦理委託收款業務。委託銀行收款，應首先填製銀行委託收款憑證。

銀行委託收款憑證必須記載下列事項：①表明委託收款的字樣；②確定的金額；③付款人名稱；④收款人名稱；⑤委託收款憑據名稱及附寄單證張數；⑥委託日期；⑦收款人簽章。欠缺記載上述事項之一的，銀行不予受理。

銀行委託收款是以銀行以外的單位為付款人的，銀行委託收款憑證必須記載付款人開戶銀行名稱；以銀行以外的單位或在銀行開立存款帳戶的個人為收款人的，銀行委託收款憑證必須記載收款人開戶銀行名稱；未在銀行開立存款帳戶的個人為收款人的，銀行委託收款憑證必須記載被委託銀行名稱。欠缺記載的，銀行不予受理。

銀行委託收款憑證有「委郵」委託收款憑證和「委電」委託收款憑證兩種。採用郵寄劃款的，填製「委郵」憑證；採用電報劃款的，採用「委電」憑證。不論是哪種憑證，都是一式五聯：第一聯為回單，由銀行受理後蓋章退回給收款單位；第二聯為收款憑證，由收款單位開戶銀行作收入傳票；第三聯為支款憑證，由付款人開戶銀行作付出傳票；「委郵」第四聯為收帳通知，「委電」第四聯為發電依據，付款單位開戶銀行憑此向收款單位開戶銀行拍發電報；第五聯為付款通知，是付款單位開戶銀行給付款單位按期付款的通知。

收款單位的出納人員在認真、逐項地填製好銀行委託收款憑證后，在憑證第二聯上加蓋單位印章，連同委託收款的依據（如發票、運單等）一併送交其開戶銀行。

收款單位的開戶銀行在收到收款單位送交的有關單證後，按照銀行委託收款的有關規定和憑證填寫的有關要求進行認真的審查。審查無誤后，受理銀行委託收款業務，在銀行委託收款憑證第一聯上加蓋業務用公章后退給收款單位，並收取一定的手續費

和郵電費。

收款單位財務部門根據其開戶銀行蓋章退回的委託收款憑證第一聯和發票、裝運單據等有關原始憑證編製記帳憑證。會計分錄為：

借：應收帳款——××單位

　貸：主營業務收入

　　　應交稅費——應交增值稅（銷項稅額）

2. 付款

付款單位開戶銀行接到收款單位寄來的委託收款憑證第五聯及有關單證后，進行認真審核。審核無誤后，及時通知付款單位，並把相關的單證一起轉給付款單位。

付款單位接到其開戶銀行的付款通知及有關附件后，應進行仔細的審核。審核內容如下：①委託收款憑證是否應由本單位受理；②憑證內容和所附有關單證內容是否相符、齊全；③委託收款金額和實際應付金額是否一致，期限是否到期。

審核無誤后，在規定的付款期內付款。一般付款期為 3 天，憑證索回期為 2 天。付款期是指從付款單位開戶銀行發出付款通知的次日起計算，如遇節假日順延。付款人在付款期內未向銀行提出異議，銀行視作同意付款，在付款期滿的次日上午銀行開始營業時，將款項從付款人帳上主動劃給收款人。若付款人在付款期滿之前通知銀行付款，則銀行立即辦理劃款。如果付款人發現付款通知有明顯差錯，應該多付款項時，可由出納人員填製一式四聯的「多付款理由書」，於付款期滿前送交銀行，銀行據以劃款，同時將第一聯多付款理由書加蓋「轉訖」章後作支款通知交給收款單位。

付款單位根據銀行轉來的委託收款憑證第五聯及有關單證編製銀行存款付款憑證，貸記「銀行存款」帳戶，借方根據業務性質而定。會計分錄為：

借：材料採購等

　貸：銀行存款

(二) 拒絕付款

付款單位在審查有關單證或驗貨后，認為所發貨物的品種、規格、質量等與雙方簽訂的合同不符或者由於其他原因，可以對委託收取的款項進行拒付。拒付分為全部拒付和部分拒付。拒付時，應在付款期內出具「拒絕付款理由書」，其中全部拒付的出具「委託收款結算全部拒絕付款理由書」，部分拒付的出具「委託收款結算部分拒絕付款理由書」，連同開戶銀行轉來的有關單證送交開戶銀行。

「拒絕付款理由書」一式四聯：第一聯是回單或支款通知聯，作為付款單位的支款通知；第二聯為支款憑證聯，作為銀行的付出傳票或存查；第三聯為收款憑證聯，作為銀行的收入傳票或存查；第四聯為代通知或收帳通知聯，作為收款單位收帳通知或全部拒付通知書。

付款單位出納人員在填寫拒絕付款理由書時，應對理由書上的各項內容如收付款單位名稱、帳號、開戶銀行、委託收款金額、附寄單證張數等內容逐項認真填寫。其中，對於全部拒付的，在「拒付金額」欄內填寫委託收款金額，「部分拒付金額」欄內的大小寫金額為零，並具體說明全部拒付理由；對於部分拒付的，「拒付金額」欄內

填寫拒付的金額數,「部分拒付金額」欄內填寫委託收款金額減去拒付金額后的餘額,即付款單位實際支付的金額,並具體說明部分拒付的理由、出具拒絕付款部分商品清單。填製完后,在「付款人蓋章」處加蓋本單位公章,並註明拒付日期。

銀行收到付款單位拒付理由書及有關單證后,並不負責審查拒付理由,只對有關內容進行核對,核對無誤后即辦理有關手續。對於全部拒付的,將拒絕付款理由書第四聯和有關單證寄給收款單位開戶銀行轉交收款人。對於部分拒付的,將部分支付的款項劃給收款單位開戶銀行轉交收款單位,將拒付理由書第四聯,連同拒付部分的商品清單等單證寄給收款單位開戶行轉交收款人。同時,將拒付理由書第一聯加蓋銀行業務專用章退回給付款單位。

付款單位收到銀行蓋章退回的「拒絕付款理由書」第一聯后,全部拒付的,因未引起資金增減變動,不必編製會計憑證和登記帳簿,只需將「拒絕付款理由書」妥善保管以備查,並在「委託收記簿」上登記全部拒付情況。如果在拒付時,收款方的貨物已收到,則應在「代管物資登記簿」中進行登記,並標明拒付情況。對於部分拒付的,根據銀行蓋章退回的拒付理由書第一聯,按照實際支付金額編製銀行存款付款憑證,會計分錄與全部付款的會計分錄相同。

(三) 無款支付

付款單位在付款期滿日營業終了之前,其銀行帳戶內的存款不足以支付款項或無款支付時,銀行將於次日上午開始營業時,填製一式四聯的無款支付通知書,並交給付款單位。付款單位必須於銀行發出通知的次日起 2 日內(到期日遇到節假日順延,郵寄的要加郵程時間)將委託收款憑證第五聯及所附的有關單證全部退還給開戶銀行。如果付款單位已將有關單證作帳務處理或部分付款的,應填製「應付款項證明單」送交開戶銀行。銀行將有關結算憑證連同單證或應付款項證明單退回收款人開戶銀行轉交收款人。

「應付款項證明單」一式兩聯,第一聯作為收款單位應收款項的憑據,第二聯由付款單位留存作為應付款項的憑據。付款單位出納員應認真逐項填寫收款人名稱、付款人名稱、單證名稱、單證編號、單證日期、單證內容等項目內容,並在「單證未退回原因」欄內註明單證未退回的具體原因。如單證已作帳務處理、已經部分付款,同時在「我單位應付款項」欄大寫應付給收款單位的款項金額;如確實無款支付則應付金額等於委託收款金額;如已部分付款則應付金額等於委託收款金額減去已付款項金額之餘額,並在付款人蓋章處加蓋本單位公章。銀行審查無誤后,將委託收效憑證連同有關單證或「應付款項證明單」退收款單位開戶銀行轉交給收款單位。如果無款支付而所購貨物已經收到,則付款單位財務部門應編製有關轉帳憑證,會計分錄為:

借:材料採購等
　　貸:應付帳款——××單位

如果付款單位銀行帳戶內存款不足但已支付部分款項,則為:

借:材料採購等
　　貸:銀行存款

按未付款金額編製轉帳憑證，會計分錄為：

借：材料採購（或商品採購等）

　　貸：應付帳款──××單位

按照規定，付款人逾期不退回單證或「應付款項證明單」的，開戶銀行按照委託收款金額自發出通知的 3 天起，每天收取 0.05% 但不低於 5 元的罰款，並暫停付款人委託銀行向外辦理結算業務，直到退回單證為止。付款單位按規定支付罰款時，應計入營業外支出。

收款單位收到開戶銀行轉來的委託收款憑證及有關單證和無款支付通知書後，應立即與付款單位取得聯繫，協商解決辦法。對於部分付款的應於收到款項時按照實際收到金額編製銀行存款收款憑證，對未付款部分暫時保留在應收帳款中；如無款支付，也可暫時保留在應收帳款中，留待進一步解決。

第六章　辦稅實務

第一節　常見稅種

一、增值稅

(一) 增值稅的概念

增值稅是對銷售貨物或者提供加工、修理修配勞務以及進口貨物與轉讓無形資產或銷售不動產的單位和個人就其實現的增值額徵收的一個稅種。增值稅是以商品生產、流通和勞務服務各環節實現的增值額為徵稅對象而徵收的一種稅。

從計稅原理而言，增值稅是對貨物的生產和流通環節中的新增價值或附加值進行徵稅，所以稱為「增值稅」。然而，新增價值或附加值在商品流通過程中是一個難以準確計算的數據，因此，中國在增值稅的實際操作上採用間接計算的方法，即從事貨物銷售或提供應稅勞務的納稅人，根據商品的銷售額或應稅勞務的銷售額，按規定的稅率計算稅款，稱之為「銷項稅額」，然后從中扣除上一環節已納增值稅額，稱之為「進項稅額」，差額即為納稅人應納的增值稅。

(二) 增值稅納稅義務人

在中華人民共和國境內銷售貨物或提供加工、修理修配勞務以及進口貨物與轉讓無形資產或銷售不動產的單位或個人為增值稅的納稅人，包括單位（企業、行政單位、事業單位、軍事單位、社會團體及其他單位）、個人（個體工商戶和其他個人）、外商投資企業和外國企業、承包人和承租人以及扣繳義務人。單位租賃或者承包給其他單位或者個人經營的，以承租人或者承包人為增值稅納稅義務人。

《中華人民共和國增值稅暫行條例》（以下簡稱《增值稅暫行條例》）將增值稅納稅人按照經營規模大小及會計核算是否健全劃分為小規模納稅人和一般納稅人。

1. 增值稅小規模納稅人

從事貨物生產或者提供應稅勞務的納稅人，以及以從事貨物生產或者提供應稅勞務為主，並兼營貨物批發或者零售的納稅人，年應徵增值稅銷售額（以下簡稱應稅銷售額）在50萬元及以下的，以及從事貨物批發或零售的納稅人，年應稅銷售額在80萬元及以下的，均是增值稅小規模納稅人。這裡確認從事貨物生產或者提供應稅勞務為主，是指納稅人的年貨物生產或者提供應稅勞務的銷售額占年應稅銷售額的比重在50%以上。

對於年銷售額在規定限額以下的，只要健全了財務核算，能夠正確計算進項稅額、銷項稅額和應納稅額，並能按規定報送有關稅務資料，能夠提供準確稅務資料的，可以向主管稅務機關申請資格認定，不作為小規模納稅人，按照相關規定，經主管稅務機關批准，可以認定為一般納稅人。財務會計核算是否健全是指能否按照國家統一的會計制度規定設置帳簿，根據合法、有效憑證核算。小規模納稅人認定標準的關鍵條件是會計核算是否健全。

2. 增值稅一般納稅人

一般納稅人是指年應稅銷售額超過財政部規定的小規模納稅人標準，按照《增值稅暫行條例》及其實施細則向主管稅務機關申請一般納稅人資格認定，經認定作為一般納稅人的企業和企業性單位。

經稅務機關認定為一般納稅人的企業，按規定領購和使用增值稅專用發票，正確計算進項稅額、銷項稅額和應納稅額。新開業的符合條件的企業，應在辦理稅務登記的同時辦理一般納稅人的認定手續。

未申請辦理一般納稅人認定手續的，應該按照銷售額依照增值稅稅率計算應納稅額，不得抵扣進項稅，也不得使用增值稅專用發票。達到一般納稅人標準的小規模納稅人未依法提出認定申請，或者雖然提出申請，但是不符合認定要求而未獲得批准為一般納稅人的，要按照銷售額依照法定增值稅稅率交稅。

(三) 增值稅稅率

1. 增值稅一般納稅人適用稅率

(1) 增值稅一般納稅人銷售或者進口貨物以及提供加工、修理修配勞務，除特殊規定外，稅率為17%。

(2) 增值稅一般納稅人銷售或者進口下列貨物，稅率為13%：

① 糧食、食用植物油；

② 自來水、暖氣、冷氣、熱水、煤氣、石油液化氣、天然氣、沼氣、居民用煤炭製品；

③ 圖書、報紙、雜誌；

④ 飼料、化肥、農藥、農機、農膜；

⑤ 國務院規定的其他貨物。

(3) 增值稅一般納稅人出口貨物，稅率為零，國務院另有規定的除外。

2. 增值稅小規模納稅人適用稅率

小規模納稅人現行增值稅徵收率為3%。中國增值稅改由生產型向消費型增值稅轉化改革，適用轉型改革的對象是增值稅一般納稅人。改革後這些納稅人的增值稅負擔會普遍降低，而規模小、財務核算不健全的小規模納稅人，由於是按照銷售額和徵收率計算繳納增值稅且不抵扣進項稅，其增值稅負擔不會因轉型而降低，所以在由生產型向消費型增值稅轉化改革中調整，同時調低增值稅小規模納稅人稅率為3%。

(四) 增值稅納稅義務發生時間

納稅義務發生時間是稅法規定的納稅人必須承擔的納稅義務的法定時間。

（1）銷售貨物或應稅勞務，為收訖銷售款或取得索取銷售憑證的當天。先開具發票的，為開具發票的當天。

（2）收訖銷售款項或者取得索取銷售款項憑據的當天，按銷售結算方式的不同，具體規定如下：

①進口貨物，為報關進口的當天。

②採取直接收款的方式銷售貨物，不論貨物是否發出，均為收到銷售額或取得索取銷售額的憑證並將提貨單交給購買方的當天。

③採取托收承付或委託銀行收款方式銷售貨物，為發出貨物並辦妥托收手續的當天。

④採取賒銷和分期收款方式銷售貨物的，為合同規定的收款日的當天，無書面合同的或者書面合同沒有約定收款日期的，為貨物發出的當天。

⑤採取預收貨款方式銷售貨物的，為貨物發出的當天，但生產銷售生產工期超過12個月的大型機械設備、船舶、飛機等貨物，為收到預收款或者書面合同約定的收款日期的當天。

⑥委託其他納稅人代銷貨物，為收到代銷單位的代銷清單或者收到全部或者部分貨款的當天。未收到代銷清單及貨款的，為發出代銷貨物滿180天的當天。

⑦銷售應稅勞務的，為提供勞務收訖銷售額或取得索取銷售額憑證的當天。

⑧納稅人發生視同銷售貨物行為的，除將貨物交付他人代銷和銷售代銷貨物外，均為貨物移送當天。

中華人民共和國境外的單位或者個人在境內提供應稅勞務，在境內未設有經營機構的，以其境內代理人為扣繳義務人；在境內沒有代理人的，以購買方為扣繳義務人。增值稅扣繳義務發生時間為納稅人增值稅納稅義務發生的當天。

（五）增值稅納稅期限

增值稅的納稅期限分別為1日、3日、5日、10日、15日、1個月或者1個季度。納稅人的具體納稅期限，由主管稅務機關根據納稅人應納稅額的大小分別核定；不能按照固定期限納稅的，可以按次納稅。以1個季度為納稅期限的規定僅適用於小規模納稅人。小規模納稅人的具體納稅期限，由主管稅務機關根據其應納稅額的大小分別核定。

納稅人以1個月或者1個季度為1個納稅期的，自期滿之日起15日內申報納稅；以1日、3日、5日、10日或者15日為1個納稅期的，自期滿之日起5日內預繳稅款，於次月1日起15日內申報納稅並結清上月應納稅款。

扣繳義務人解繳稅款的期限，與納稅人納稅期限相同。

納稅人進口貨物，應當自海關填發海關進口增值稅專用繳款書之日起15日內繳納稅款。納稅人出口貨物適用退（免）稅規定的，應當向海關辦理出口手續，憑出口報關單等有關憑證，在規定的出口退（免）稅申報期內按月向主管稅務機關申報辦理該項出口貨物的退（免）稅。具體辦法由國務院財政、稅務主管部門制定。

出口貨物辦理退稅后發生退貨或者退關的，納稅人應當依法補繳已退的稅款。

(六) 增值稅納稅地點

　　固定業戶應當向機構所在地的主管稅務機關申報納稅。總機構和分支機構不在同一縣（市）的，應當分別向各自所在地的主管稅務機關申報納稅；經國務院財政、稅務主管部門或者其授權的財政、稅務機關批准，可以由總機構匯總向總機構所在地的主管稅務機關申報納稅。

　　固定業戶到外縣（市）銷售貨物或者應稅勞務，應當向機構所在地的主管稅務機關申請開具外出經營活動稅收管理證明，並向其機構所在地的主管稅務機關申報納稅；未開具證明的，應當向銷售地或者勞務發生地的主管稅務機關申報納稅；未向銷售地或者勞務發生地的主管稅務機關申報納稅的，由機構所在地的主管稅務機關補徵稅款。

　　非固定業戶銷售貨物或者應稅勞務，應當向銷售地或者勞務發生地的主管稅務機關申報納稅；未向銷售地或者勞務發生地的主管稅務機關申報納稅的，由機構所在地或者居住地的主管稅務機關補徵稅款。

　　進口貨物，應當向報關地海關申報納稅。扣繳義務人應當向機構所在地或者居住地的主管稅務機關申報繳納其扣繳的稅款。

二、城市建設維護稅與教育費附加

(一) 城市維護建設稅

　　1. 城市維護建設稅的概念

　　城市維護建設稅是對從事生產經營的單位、個人和其他經濟組織，以其實際繳納的增值稅、消費稅、營業稅稅額之和為計稅依據所徵收的一種稅。

　　現行的城市維護建設稅，是國務院於1985年2月8日通過的《中華人民共和國城市維護建設稅暫行條例》予以設立，並於1985年1月1日在全國範圍內實行。國家開徵城市維護建設稅，其目的就是擴大和維護城市建設的資金來源，不斷推進城市的建設維護。

　　2. 城市維護建設稅的納稅人

　　城市維護建設稅以繳納增值稅、消費稅、營業稅的單位和個人為納稅人。單位是指各種性質的企業、行政單位、事業單位、軍事單位、社會團體及其他單位，不包括單位依法不需要辦理稅務登記的內設機構和外商投資企業和外國企業。外商投資企業和外國企業暫不繳納城市維護建設稅。個人是指個體工商戶和其他個人。

　　只要繳納了增值稅、消費稅、營業稅中的任何一種稅的單位和個人，都必須同時繳納城市維護建設稅。

　　3. 城市維護建設稅的計稅依據及稅率

　　(1) 計稅依據。

　　計算徵收城市維護建設稅，以納稅人實際繳納的增值稅、消費稅、營業稅稅額之和為計稅依據，包括對納稅人查補的增值稅、消費稅、營業稅稅額，但不包括對其加收的滯納金和罰款。

(2) 稅率。

城市維護建設稅實行地區差別比例稅率，以納稅人所在的地域不同，具體分為7%、5%、1%三個檔次。其適用範圍是：城市市區稅率為7%，縣城、建制鎮稅率為5%，城市市區、縣城、建制鎮以外的地區稅率為1%。

確定納稅人繳納城市維護建設稅適用稅率的前提，就是要看納稅人的生產經營所在地所處的地域是城市市區還是縣城、建制鎮或其他農村地區。一般情況下，應該按照納稅人從事生產經營所在地確定適用稅率。也就是說，即使是城市市區的企業，若在建制鎮範圍以外的農村從事生產經營，由於生產經營地在農村，也只能適用1%的稅率計算繳納城市維護建設稅，反之亦然。

對於貨物運輸業按代開票納稅人管理的單位和個人，在代開貨物運輸發票時，一律按照所繳納營業稅稅額的7%預繳城市維護建設稅。在代開票時已徵收的屬於規定減免稅的城市維護建設稅及高於城市維護建設稅稅率徵收的稅款，在下一個徵稅期實行退稅。

另外，對於由受託方代收、代扣「三稅」的單位和個人，以及流動經營無固定納稅地點的單位和個人，應按納稅人繳納「三稅」所在地的適用稅率，就地繳納城市維護建設稅。

4. 城市維護建設稅的徵收管理

城市維護建設稅比照增值稅、消費稅、營業稅有關規定實施徵收管理。城市維護建設稅納稅申報期限與增值稅、消費稅、營業稅的納稅申報期限一致。在城市維護建設稅的納稅地點，納稅人直接繳納「三稅」的，與增值稅、消費稅、營業稅的納稅地點相同，在繳納「三稅」地繳納城市維護建設稅。實行代徵、代扣、代收增值稅、消費稅、營業稅的，負有扣繳義務的單位和個人，在履行代收「三稅」義務時，同時要依照當地適用稅率，代徵、代扣、代收城市維護建設稅。對於無固定經營地點的流動經營者，應隨增值稅、消費稅、營業稅在經營所在地，按其當地適用稅率繳納城市維護建設稅。

(二) 教育費附加

1. 教育費附加的概念

教育費附加是以單位和個人實際繳納的增值稅、消費稅、營業稅的稅額為計徵依據，按照規定計徵比例計算繳納的一種附加費，是一種具有稅收性質的專項基金。國務院於1986年4月28日頒布了《徵收教育費附加的暫行規定》，當年7月1日在全國範圍內開始徵收教育費附加。

2. 徵收範圍及計徵比率

凡繳納增值稅、消費稅、營業稅的單位和個人，都應當繳納教育費附加。外商投資企業和外國企業暫不繳納教育費附加。

教育費附加的計徵依據就是單位和個人實際繳納增值稅、消費稅、營業稅的稅額，並隨「三稅」同時繳納。教育費附加計徵比率為3%。

3. 教育費附加的徵收管理

教育費附加的徵收管理，比照城市維護建設稅的有關規定辦理。

三、印花稅

(一) 印花稅的概念

印花稅是對經濟活動和經濟交往中書立、領受、使用的應稅經濟憑證所徵收的一種稅。因納稅人主要是通過在應稅經濟憑證上粘貼印花稅票來完成納稅義務，故名印花稅。

印花稅是一個世界各國普遍徵收的稅種，最早起源於 1624 年的荷蘭。新中國成立後，中央人民政府政務院於 1950 年頒布了《印花稅暫行條例》，在全國範圍內開徵印花稅。1958 年簡化稅制時，經全國人民代表大會常務委員會通過，將印花稅並入工商統一稅，印花稅不再單獨設稅種，直至經濟體制改革前。中國目前現行印花稅法的基本規範，是 1988 年 8 月 6 日國務院發布並於同年 10 月 1 日實施的《中華人民共和國印花稅暫行條例》。

(二) 印花稅的納稅義務人

印花稅的納稅義務人，是在中國境內書立、使用、領受印花稅法所列舉的憑證並應依法履行納稅義務的單位和個人。所稱單位和個人，是指國內各類企業、事業、機關、團體、部隊以及中外合資企業、合作企業、外資企業、外國公司和其他經濟組織及其在華機構等單位和個人。

按照書立、使用、領受應稅憑證的不同，可以分別確定為立合同人、立據人、立帳簿人、領受人和使用人、各類電子應稅憑證的簽訂人六種。

1. 立合同人

這是指合同的當事人。當事人是指對憑證有直接權利義務關係的單位和個人，但不包括合同的擔保人、證人、鑒定人。各類合同的納稅人是立合同人。各類合同，包括購銷、加工承攬、建設工程承包、財產租賃、貨物運輸、倉儲保管、借款、財產保險、技術合同或者具有合同性質的憑證。

合同是指根據原《中華人民共和國經濟合同法》《中華人民共和國涉外經濟合同法》和其他有關合同法規訂立的合同。具有合同性質的憑證，是指具有合同效力的協議、契約、合約、單據、確認書及其他各種名稱的憑證。

當事人的代理人有代理納稅的義務，他與納稅人負有同等的稅收法律義務和責任。

2. 立據人

產權轉移書據的納稅人是立據人。如立據人未貼印花或少貼印花，書據的持有人應負責補貼印花。所立書據以合同方式簽訂的，應由持有書據的各方分別按全額貼花。

3. 立帳簿人

營業帳簿的納稅人是立帳簿人。所謂立帳簿人，是指設立並使用營業帳簿的單位和個人。

4. 領受人

權利、許可證照的納稅人是領受人。領受人，是指領取或接受並持有該項憑證的單位和個人。

5. 使用人

在國外書立、領受，但在國內使用的應稅憑證，其納稅人是使用人。

6. 各類電子應稅憑證的簽訂人

這是指以電子形式簽訂的各類應稅憑證的當事人。

(三) 印花稅的稅率

印花稅的稅率有兩種形式，分別是比例稅率和定額稅率。

1. 比例稅率

在印花稅的 13 個稅目中，各類合同以及具有合同性質的憑證（含以電子形式簽訂的各類應稅憑證）、產權轉移書據、營業帳簿中記載資金的帳簿，適用比例稅率。

印花稅的比例稅率分為 4 檔：0.05‰、0.3‰、0.5‰、1‰：

①借款合同適用稅率 0.05‰；

②購銷合同、建築安裝工程承包合同、技術合同 適用稅率 0.3‰；

③加工承攬合同、建築工程勘察設計合同、貨物運輸合同、產權轉移書據、營業帳簿中記載資金的帳簿適用稅率為 0.5‰；

④財產租賃合同、倉儲保管合同、財產保險合同適用 1‰的稅率；

⑤股權轉讓書據適用 1‰稅率，包括 A 股和 B 股。

2. 定額稅率

在印花稅的 13 個稅目中，「權利、許可證照」和「營業帳簿」稅目中的其他帳簿，適用定額稅率，均為按件貼花，稅額為 5 元。這樣規定，主要是考慮到上述應稅憑證比較特殊，有的是無法計算金額的憑證，例如權利、許可證照；有的是雖記載有金額，但以其作為計稅依據又明顯不合理的憑證，例如其他帳簿。採用定額稅率，便於納稅人繳納，便於稅務機關徵管。印花稅稅目稅率詳見表 6-1。

表 6-1　　　　　　　　　　印花稅稅目、稅率表

稅目	範圍	稅率	納稅人	說明
購銷合同	包括供應、預購、採購、購銷結合及協作、調劑、補償、易貨等合同	按購銷金額的3‰貼花	立合同人	
加工承攬合同	包括加工、定做、修繕、修理、印刷、廣告、測繪、測試等合同	按加工或承攬收入的5‰貼花	立合同人	
建設工程勘察設計合同	包括勘察、設計合同	按收取費用的5‰貼花	立合同人	
建築安裝工程承包合同	包括建築、安裝工程承包合同	按承包金額的3‰貼花	立合同人	

表6-1(續)

稅目	範圍	稅率	納稅人	說明
財產租賃合同	包括租賃房屋、船舶、飛機、機動車輛、機械、器具、設備等合同	按租賃金額的1‰貼花，稅額不足1元按1元貼花	立合同人	
貨物運輸合同	包括民用航空運輸、鐵路運輸、海上運輸、內河運輸、公路運輸和聯運合同	按運輸收取的費用的5‰貼花	立合同人	單據作為合同使用的按合同貼花
倉儲保管合同	包括倉儲、保管合同	按倉儲收取的保管費用的1‰貼花	立合同人	倉單或棧單作為合同使用的按合同貼花
借款合同	銀行及其他金融組織和借款人（不包括銀行同業拆借）所簽訂的借款合同	按借款金額的0.5‰貼花	立合同人	單據作為合同使用的按合同貼花
財產保險合同	包括財產、責任、保證、信用等保險合同	按收取的保險費收入的1‰貼花	立合同人	單據作為合同使用的，按合同貼花
技術合同	包括技術開發、轉讓、諮詢、服務等合同	按所記載金額的3‰貼花	立合同人	
產權轉移書據	包括財產所有權和版權、商標專用權、專利權、專有技術使用權等轉移書據、土地使用權出讓合同、土地使用權轉讓合同、商品房銷售合同	按所記載金額的5‰貼花	立據人	
營業帳簿	生產、經營用帳冊	記載資金的帳簿，按實收資本和資本公積的合計金額的5‰貼花，其他帳簿按件貼花5元	立帳簿人	
權利、許可證照	包括政府部門發給的房屋產權證、工商營業執照、商標註冊證、專利證、土地使用證	按件貼花5元	領受人	

(四) 印花稅的納稅辦法

根據稅額大小、貼花次數以及稅收徵收管理的需要，分別採用下列三種納稅辦法：

1. 自行貼花辦法

自行貼花一般適用於應稅憑證較少或者貼花次數較少的納稅人。納稅人書立、領受或者使用印花稅法列舉的應稅憑證的同時，納稅義務即已產生，應當根據應納稅憑

證的性質和適用的稅目稅率，自行計算應納稅額，自行購買印花稅票，自行一次貼足印花稅票並加以註銷或劃銷，納稅義務才算全部履行完畢。納稅人有印章的，加蓋印章註銷。納稅人沒有印章的，可以用鋼筆、圓珠筆畫線註銷。

對已貼花的憑證，修改后所載金額增加的，其增加部分應當補貼印花稅票。凡多貼印花稅票者，不得申請退稅或者抵用。

2. 匯貼或匯繳辦法

匯貼或匯繳辦法適用於應納稅額較大或者貼花次數頻繁的納稅人。

應納稅額超過500元的憑證，應向當地稅務機關申請填寫繳款書或者完稅證，將其中一聯粘貼在憑證上或者由稅務機關在憑證上加註完稅標記代替貼花。這就是通常所說的「匯貼」。

同一種類應納稅憑證，需頻繁貼花的，納稅人可以根據實際情況自行決定是否採用按期匯總繳納印花稅的方式，匯總繳納的期限為1個月。繳納方式一經選定，1年內不得改變。實行印花稅按期匯總繳納的單位，對徵稅憑證和免稅憑證匯總時，凡分別匯總的，按本期徵稅憑證的匯總金額計算繳納印花稅；凡確屬不能分別匯總的，應按本期全部憑證的實際匯總金額計算繳納印花稅。

3. 委託代徵辦法

委託代徵辦法主要是通過稅務機關的委託，經由發放或者辦理應納稅憑證的單位代為徵收印花稅稅款。稅務機關應與代徵單位簽訂代徵委託書。所謂發放或者辦理應納稅憑證的單位，是指發放權利、許可證照的單位和辦理憑證的鑒證、公證及其他有關事項的單位（如工商行政管理局、銀行、保險公司等）。

(五) 印花稅的納稅時間

印花稅應當在書立或領受時貼花，具體是指合同簽訂時、帳簿啟用時和證照領受時貼花。如果合同是在國外簽訂，並且不便在國外貼花的，應在將合同帶入境時辦理貼花納稅手續。

(六) 印花稅的納稅地點

印花稅一般實行就地納稅。對於全國性商品物資訂貨會（包括展銷會、交易會等）上所簽訂合同應納的印花稅，由納稅人回其所在地後及時辦理貼花完稅手續；對地方主辦、不涉及省際關係的訂貨會、展銷會上所簽合同的印花稅，其納稅地點由各省、自治區、直轄市人民政府自行確定。

四、所得稅

(一) 企業所得稅的概念

企業所得稅是指對中國境內的企業和其他取得收入的組織（以下統稱企業），就其生產經營所得和其他所得徵收的一種稅。

目前，中國企業所得稅的法律依據，主要是2007年3月16日全國人民代表大會通過的《中華人民共和國企業所得稅法》（簡稱《企業所得稅法》）和同年11月28日國

務院通過的《中華人民共和國企業所得稅法實施條例》(簡稱《企業所得稅條例》)。

新的《企業所得稅法》結束了內資、外資企業適用不同稅法的歷史，統一了有關納稅義務人的規定，統一併適當降低了企業所得稅稅率，統一併規範了稅前扣除辦法和標準，統一了稅收優惠政策。《企業所得稅法》適應了社會主義市場經濟發展的要求，進一步順和規範了國家與企業間的分配關係，促進了內資、外資企業間的公平競爭。

(二) 企業所得稅的納稅人

企業所得稅的納稅義務人是指在中華人民共和國境內的企業和其他取得收入的組織。《企業所得稅法》第一條規定，除個人獨資企業、合夥企業不適用企業所得稅法外，在中國境內，企業和其他取得收入的組織(以下統稱企業)為企業所得稅的納稅人，依照法律規定繳、納企業所得稅。

企業所得稅的納稅人分為居民企業和非居民企業，這是根據企業納稅義務範圍的寬窄進行劃分的分類方法，不同的企業在向中國政府繳納所得稅時，納稅義務不同。把企業分為居民企業和非居民企業，是為了更好地保障中國稅收管轄權的有效行使。稅收管轄權是一國政府在徵稅方面的主權，是國家主權的重要組成部分。根據國際上的通行做法，中國選擇了地域管轄權和居民管轄權的雙重管轄權標準，最大限度地維護中國的稅收利益。

1. 居民企業

居民企業是指依法在中國境內成立，或者依照外國(地區)法律成立但實際管理機構在中國境內的企業。這裡的企業包括國有企業、集體企業、私營企業、聯營企業、股份制企業、外商投資企業、外國企業以及有生產、經營所得和其他所得的其他組織。其中，有生產、經營所得和其他所得的其他組織，是指經國家有關部門批准，依法註冊、登記的事業單位、社會團體等組織。由於中國的一些社會團體組織、事業單位在完成國家事業計劃的過程中，開展多種經營和有償服務活動取得除財政部門各項撥款、財政部和國家物價部門批准的各項規費收入以外的經營收入，具有了經營的特點，應當視同企業納入徵稅範圍。其中，實際管理機構，是指對企業的生產經營、人員、帳務、財產等實施實質性全面管理和控制的機構。

2. 非居民企業

非居民企業是指依照外國(地區)法律成立且實際管理機構不在中國境內，但在中國境內設立機構、場所的或者在中國境內未設立機構、場所但有來源於中國境內所得的企業。

上述非居民企業是指依照外國(地區)法律成立且實際管理機構不在中國境內，但在中國境內設立機構、場所的或者在中國境內未設立機構、場所但有來源於中國境內所得的企業。上述所稱機構、場所，是指在中國境內從事生產經營活動的機構、場所，包括：

①管理機構、營業機構、辦事機構；

②工廠、農場、開採自然資源的場所；

③提供勞務的場所；

④從事建築、安裝、裝配、修理、勘探等工程作業的場所；

⑤其他從事生產經營活動的機構、場所。

非居民企業委託營業代理人在中國境內從事生產經營活動的，包括委託單位或者個人經常代其簽訂合同，或者儲存、交付貨物等，該營業代理人視為非居民企業在中國境內設立的機構、場所。

（三）企業所得稅的稅率

企業所得稅稅率是體現國家與企業分配關係的核心要素。稅率設計的原則是兼顧國家、企業、職工個人三者利益，既要保證財政收入的穩定增長，又要使企業在發展生產、經營方面有一定的財力保證。既要考慮到企業的實際情況和負擔能力，又要維護稅率的統一性。

企業所得稅實行比例稅率。比例稅率簡便易行、透明度高，不會因徵稅而改變企業間收入分配比例，有利於促進效率的提高。現行規定是：

（1）基本稅率為25%　適用於居民企業和在中國境內設有機構、場所且所得與機構、場所有關聯的非居民企業。

（2）低稅率為20%　適用於在中國境內未設立機構、場所的，或者雖設立機構、場所但取得的所得與其所設機構、場所沒有實際聯繫的非居民企業。

現行企業所得稅基本稅率設定為25%，從世界各國比較而言還是偏低的。據有關資料介紹，全世界近160個實行企業所得稅的國家（地區）平均稅率為28.6%，中國周邊18個國家（地區）的平均稅率為26.7%。現行稅率的確定，既考慮了中國財政承受能力，又考慮了企業負擔水平。

（四）企業所得稅的納稅辦法

1. 居民企業的納稅辦法

居民企業的企業所得稅實行按年計算、分月或者分季預繳、年終匯算清繳的納稅辦法。

（1）據實計算預繳。據實計算預繳是根據企業當期實現的利潤總額計算出應納稅額，並據此繳稅。

（2）按上年實際數計算預繳。按上年實際數計算預繳是按照上年實際繳納的企業所得稅額的1/12或1/4進行預繳。

（3）居民企業在報送企業所得稅納稅申報表時，應當按照主管稅務機關的要求附送財務會計報告和其他有關資料。

（4）居民企業在中國境內設立不具有法人資格的營業機構的，應當匯總計算並繳納企業所得稅。

2. 非居民企業的納稅辦法

非居民企業在中國境內未設立機構、場所的，或者雖設立機構、場所但取得的所得與其所設機構、場所沒有實際聯繫的，就其來源於中國境內的所得繳納企業所得稅時，所得應繳納的所得稅，實行源泉扣繳，以支付人為扣繳義務人。稅款由扣繳義務

人在每次支付或者到期應支付時，從支付或者到期應支付的款項中扣繳。

對非居民企業在中國境內取得工程作業和勞務所得應繳納的所得稅，稅務機關可以指定工程價款或者勞務費的支付人為扣繳義務人。

對非居民企業應當扣繳的所得稅，扣繳義務人未依法扣繳或者無法履行扣繳義務的，由納稅人在所得發生地繳納。納稅人未依法繳納的，稅務機關可以從該納稅人在中國境內其他收入項目的支付人應付的款項中追繳該納稅人的應納稅款。

扣繳義務人每次代扣的稅款，應當自代扣之日起 7 日內繳入國庫，並向所在地的稅務機關報送扣繳企業所得稅報告表。

(五) 企業所得稅的納稅期限

企業所得稅按年計徵，分月或者分季預繳，年終匯算清繳，多退少補。

按月或按季預繳的，應當自月份或者季度終了之日起 15 日內，向稅務機關報送預繳企業所得稅納稅申報表，預繳稅款。

企業所得稅的納稅年度，自公曆 1 月 1 日起至 12 月 31 日止。企業在一個納稅年度的中間開業，或者由於合併、關閉等原因終止經營活動，使該納稅年度的實際經營期不足 12 個月的，應當以其實際經營期為一個納稅年度。企業清算時，應當以清算期間作為一個納稅年度。

自年度終了之日起 5 個月內，向稅務機關報送年度企業所得稅納稅申報，並匯算清繳，結清應繳應退稅款。

企業在年度中間終止經營活動的，應當自實際經營終止之日起 60 日內，向稅務機關辦理當期企業所得稅匯算清繳。

(六) 企業所得稅的納稅地點

除稅收法律、行政法規另有規定外，居民企業以企業登記註冊地為納稅地點；但登記註冊地在境外的，以實際管理機構所在地為納稅地點。企業註冊登記地，是指企業依照國家有關規定登記註冊的住所地。

居民企業在中國境內設立不具有法人資格的營業機構的，應當匯總計算並繳納企業所得稅。企業匯總計算並繳納企業所得稅時，實行「統一計算、分級管理、就地預繳、匯總清算、財政調庫」的企業所得稅徵收管理辦法。總機構和具有主體生產經營職能的二級分支機構，就地分期預繳企業所得稅。

非居民企業在中國境內設立機構、場所的，應當就其所設機構、場所取得的來源於中國境內的所得，以及發生在中國境外但與其所設機構、場所有實際聯繫的所得，以機構、場所所在地為納稅地點。非居民企業在中國境內未設立機構場所的，或者雖設立機構、場所但取得的所得與其所設機構、場所沒有實際聯繫的所得，以扣繳義務人所在地為納稅地點。

第二節 辦理稅務登記

一、稅務登記的概念

税務登記又稱納稅登記，是稅務機關根據稅法規定，對納稅人的生產、經營活動進行登記管理的一項法定制度，也是納稅人依法履行納稅義務的法定手續。稅務登記是稅務機關對納稅人實施稅收管理的首要環節和基礎工作，是徵納雙方法律關係成立的依據和證明，也是納稅人必須依法履行的義務。稅務登記的意義在於：有利於稅務機關瞭解納稅人的基本情況，掌握稅源，加強徵收與管理，防止漏管漏徵，建立稅務機關與納稅人之間正常的工作聯繫，強化稅收政策和法規的宣傳，增強納稅意識等。

納稅人進行稅務登記后，由稅務機關頒發稅務登記證。納稅人辦理下列事項時，必須持稅務登記證件：①開立銀行基本帳戶；②申請減稅、免稅、退稅；③申請辦理延期申報、延期繳納稅；④領購發票；⑤申請開具外出經營活動稅收管理證明；⑥辦理停業、歇業；⑦其他有關稅務事項。

二、稅務登記的內容

2003年11月20日公布，2004年2月1日起施行的《稅務登記管理辦法》是納稅人進行稅務登記的法律法規。根據《稅務登記管理辦法》，企業及企業在外地設立的分支機構和從事生產、經營的場所，個體工商戶和從事生產、經營的事業單位，均應當按照《中華人民共和國稅收徵管法》及《中華人民共和國稅收徵管法實施細則》的規定辦理稅務登記。納稅人進行稅務登記時，應分別在國家稅務局與地方稅務局辦理國稅與地稅的登記。稅務登記有稅務設立登記、稅務變更登記、停業復業登記、稅務註銷登記和外出經營報驗登記。

三、稅務設立登記

(一) 稅務設立登記的期限

企業及企業在外地設立的分支機構和從事生產、經營的場所，個體工商戶和從事生產、經營的事業單位，均應向生產、經營所在地稅務機關申報辦理稅務登記：

(1) 從事生產、經營的納稅人領取工商營業執照（含臨時工商營業執照）的，應當自領取工商營業執照之日起30日內申報辦理稅務登記，稅務機關核發稅務登記證及副本（納稅人領取臨時工商營業執照的，稅務機關核發臨時稅務登記證及副本）。

(2) 從事生產、經營的納稅人未辦理工商營業執照但經有關部門批准設立的，應當自有關部門批准設立之日起30日內申報辦理稅務登記，稅務機關核發稅務登記證及副本。

(3) 從事生產、經營的納稅人未辦理工商營業執照也未經有關部門批准設立的，應當自納稅義務發生之日起30日內申報辦理稅務登記，稅務機關核發臨時稅務登記證

及副本。

（4）有獨立的生產經營權、在財務上獨立核算並定期向發包人或者出租人上交承包費或租金的承包承租人，應當自承包承租合同簽訂之日起 30 日內，向其承包承租業務發生地稅務機關申報辦理稅務登記，稅務機關核發臨時稅務登記證及副本。

（5）從事生產、經營的納稅人外出經營，自其在同一縣（市）實際經營或提供勞務之日起，在連續的 12 個月內累計超過 180 天的，應當自期滿之日起 30 日內，向生產、經營所在地稅務機關申報辦理稅務登記，稅務機關核發臨時稅務登記證及副本。

（6）境外企業在中國境內承包建築、安裝、裝配、勘探工程和提供勞務的，應當自項目合同或協議簽訂之日起 30 日內，向項目所在地稅務機關申報辦理稅務登記，稅務機關核發臨時稅務登記證及副本。

(二) 稅務設立登記的資料

納稅人進行稅務設立登記時，應向稅務機關如實提供以下證件和資料：
（1）工商營業執照或其他核准執業證件；
（2）有關合同、章程、協議書；
（3）組織機構統一代碼證書；
（4）法定代表人或負責人或業主的居民身分證、護照或者其他合法證件；
（5）主管稅務機關要求提供的其他有關證件、資料。

(三) 稅務設立登記表

納稅人在申報辦理設立稅務登記時，應當如實填寫稅務登記表。稅務登記表的主要內容包括：
（1）單位名稱、法定代表人或者業主姓名及其居民身分證、護照或者其他合法證件的號碼；
（2）住所、經營地點；
（3）登記類型；
（4）核算方式；
（5）生產經營方式；
（6）生產經營範圍；
（7）註冊資金（資本）、投資總額；
（8）生產經營期限；
（9）財務負責人及聯繫電話；
（10）國家稅務總局確定的其他有關事項。

(四) 稅務設立登記的受理

納稅人提交的證件和資料齊全且稅務登記表的填寫內容符合規定的，稅務機關應及時發放稅務登記證件。納稅人提交的證件和資料不齊全或稅務登記表的填寫內容不符合規定的，稅務機關應當場通知其補正或重新填報。納稅人提交的證件和資料明顯有疑點的，稅務機關應進行實地調查，核實後發放稅務登記證件。

稅務登記證件的主要內容包括：納稅人名稱、稅務登記代碼、法定代表人或負責人、生產經營地址、登記類型、核算方式、生產經營範圍（主營、兼營）、發證日期、證件有效期等。

四、稅務變更登記

（一）稅務變更登記的期限

納稅人稅務登記內容發生變化的，應當向原稅務登記機關申報辦理變更稅務登記。納稅人已在工商行政管理機關辦理變更登記的，應當自工商行政管理機關變更登記之日起30日內，向原稅務登記機關申報辦理變更稅務登記；納稅人按照規定不需要在工商行政管理機關辦理變更登記，或者其變更登記的內容與工商登記內容無關的，應當自稅務登記內容實際發生變化之日起30日內，或者自有關機關批准或者宣布變更之日起30日內，到原稅務登記機關申報辦理變更稅務登記。

（二）稅務變更登記的資料

納稅人進行稅務變更登記時，應向稅務機關如實提供證件和資料。

（1）納稅人已在工商行政管理機關辦理變更登記的，應向原稅務登記機關如實提供下列證件、資料，申報辦理變更稅務登記：①工商登記變更表及工商營業執照；②納稅人變更登記內容的有關證明文件；③稅務機關發放的原稅務登記證件（登記證正、副本和登記表等）；④稅務機關要求提供的其他有關資料。

（2）納稅人按照規定不需要在工商行政管理機關辦理變更登記，或者其變更登記的內容與工商登記內容無關的，應持下列證件到原稅務登記機關申報辦理變更稅務登記：①納稅人變更登記內容的有關證明文件；②稅務機關發放的原稅務登記證件（登記證正、副本和稅務登記表等）；③稅務機關要求提供的其他有關資料。

（三）稅務變更登記的受理

納稅人提交的有關變更登記的證件、資料齊全的，應如實填寫稅務登記變更表，經稅務機關審核，符合規定的，稅務機關應予以受理；不符合規定的，稅務機關應通知其補正。稅務機關應當自受理之日起30日內，審核辦理變更稅務登記。

納稅人稅務登記表和稅務登記證中的內容都發生變更的，稅務機關按變更後的內容重新核發稅務登記證件；納稅人稅務登記表的內容發生變更而稅務登記證中的內容未發生變更的，稅務機關不重新核發稅務登記證件。

五、停業復業登記

企業或實行定期定額徵收方式的個體工商戶需要停業的，應當在停業前向稅務機關申報辦理停業登記。納稅人的停業期限不得超過一年。納稅人在申報辦理停業登記時，應如實填寫停業申請登記表，說明停業理由、停業期限、停業前的納稅情況和發票的領、用、存情況，並結清應納稅款、滯納金、罰款。稅務機關應收存其稅務登記證件及副本、發票領購簿、未使用完的發票和其他稅務證件。納稅人在停業期間發生

納稅義務的，應當按照稅收法律、行政法規的規定申報繳納稅款。

納稅人停業后可以復業時，應當於恢復生產經營之前，向稅務機關申報辦理復業登記，如實填寫復業報告書，領回並啟用稅務登記證件、發票領購簿及其停業前領購的發票。納稅人停業期滿不能及時恢復生產經營的，應當在停業期滿前向稅務機關提出延長停業登記申請。

六、稅務註銷登記

納稅人發生解散、破產、撤銷以及其他情形，依法終止納稅義務的，應當在向工商行政管理機關或者其他機關辦理註銷登記前，持有關證件和資料向原稅務登記機關申報辦理註銷稅務登記；按規定不需要在工商行政管理機關或者其他機關辦理註冊登記的，應當自有關機關批准或者宣告終止之日起 15 日內，持有關證件和資料向原稅務登記機關申報辦理註銷稅務登記。

納稅人被工商行政管理機關吊銷營業執照或者被其他機關予以撤銷登記的，應當自營業執照被吊銷或者被撤銷登記之日起 15 日內，向原稅務登記機關申報辦理註銷稅務登記。

納稅人因住所、經營地點變動，涉及改變稅務登記機關的，應當在向工商行政管理機關或者其他機關申請辦理變更、註銷登記前，或者住所、經營地點變動前，持有關證件和資料，向原稅務登記機關申報辦理註銷稅務登記，並自註銷稅務登記之日起 30 日內向遷達地稅務機關申報辦理稅務登記。

境外企業在中國境內承包建築、安裝、裝配、勘探工程和提供勞務的，應當在項目完工、離開中國前 15 日內，持有關證件和資料，向原稅務登記機關申報辦理註銷稅務登記。

納稅人辦理註銷稅務登記前，應當向稅務機關提交相關證明文件和資料，結清應納稅款、多退（免）稅款、滯納金和罰款，繳銷發票、稅務登記證件和其他稅務證件，經稅務機關核准后，辦理註銷稅務登記手續。

七、外出經營報驗登記

納稅人到外縣（市）臨時從事生產經營活動的，應當在外出生產經營以前，持稅務登記證向主管稅務機關申請開具「外出經營活動稅收管理證明」（以下簡稱外管證）。稅務機關按照一地一證的原則，核發外管證。外管證的有效期限一般為 30 日，最長不得超過 180 天。

納稅人應當在外管證註明地進行生產經營前向當地稅務機關報驗登記，並提交下列證件、資料：①稅務登記證件副本；②外管證。納稅人在外管證註明地銷售貨物的，除提交以上證件、資料外，應如實填寫外出經營貨物報驗單，申報查驗貨物。

納稅人外出經營活動結束，應當向經營地稅務機關填報外出經營活動情況申報表，並結清稅款、繳銷發票。納稅人應當在外管證有效期屆滿后 10 日內，持外管證回原稅務登記地稅務機關辦理外管證繳銷手續。

第三節　納稅申報與稅款繳納

一、納稅申報

納稅申報是指納稅人、扣繳義務人為了履行納稅義務，就納稅事項向稅務機關出書面申報的一種法定手續。納稅人、扣繳義務人在發生法定納稅義務後，按照稅法或稅務機關相關行政法規所規定的內容，在申報期限內，以書面形式向主管稅務機關提交有關納稅事項及應繳稅款。

(一) 納稅申報的內容

納稅人、扣繳義務人辦理納稅申報時，應當如實填寫納稅申報表，並報送有關證件、資料：①財務會計報表及其說明材料；②與納稅有關的合同、協議書及憑證；③稅控裝置的電子報稅資料；④外出經營活動稅收管理證明和異地完稅憑證；⑤境內或者境外公證機構出具的有關證明文件；⑥稅務機關要求提供的其他有關資料。

納稅申報或者代扣代繳、代收代繳稅款報告表的主要內容包括：稅種、稅目、應納稅項目、計稅依據、扣除項目及標準、適用稅率或者單位稅額、應退稅項目及稅額、應減免稅項目及稅額、應納稅額或者應代扣代繳、代收代繳稅額、稅款所屬期限、延期繳納稅款、欠稅、滯納金等。

(二) 納稅申報的方式

納稅申報的方式有上門申報、郵寄申報、數據電文申報和網上申報等。

1. 上門申報

上門申報是指納稅人、扣繳義務人、代徵人在納稅申報期限內到主管稅務機關辦理納稅申報、代扣代繳、代收代繳稅款或委託代徵稅款報告。

2. 郵寄申報

郵寄申報是指納稅人採取郵寄方式辦理納稅申報。郵寄申報應當使用統一的納稅申報專用信封，並以郵政部門收據作為申報憑據，郵寄申報以寄出的郵戳日期為實際申報日期。

3. 數據電文申報

數據電文申報是指稅務機關確定的電話語音、電子數據交換等電子方式。納稅人採取電子方式辦理納稅申報的，應當按照稅務機關規定的期限和要求保存有關資料，並定期書面報送主管稅務機關。

4. 網上申報

網上申報是指近年來稅務機關極力推廣和發展的納稅申報的方式。關於網上申報的細則，可參考本套教材《納稅實務》一書。

(三) 納稅申報的期限

1. 增值稅納稅申報期限

增值稅的納稅申報期限分別為 1 日、3 日、5 日、10 日、15 日、1 個月或者 1 個季度。納稅人的具體納稅期限，由主管稅務機關根據納稅人應納稅額的大小分別核定；不能按照固定期限納稅的，可以按次納稅。

納稅人以 1 個月或者 1 個季度為 1 個納稅期的，自期滿之日起 15 日內申報納稅；以 1 日、3 日、5 日、10 日或者 15 日為 1 個納稅期的，自期滿之日起 5 日內預繳稅款，於次月 1 日起 15 日內申報納稅並結清上月應納稅款。

2. 消費稅納稅申報期限

消費稅的納稅申報期限分別為 1 日、3 日、5 日、10 日、15 日、1 個月或者 1 個季度。納稅人的具體納稅期限，由主管稅務機關根據納稅人應納稅額的大小分別核定；不能按照固定期限納稅的，可以按次納稅。

納稅人以 1 個月或者 1 個季度為 1 個納稅期的，自期滿之日起 15 日內申報納稅；以 1 日、3 日、5 日、10 日或者 15 日為 1 個納稅期的，自期滿之日起 5 日內預繳稅款，於次月 1 日起 15 日內申報納稅並結清上月應納稅款。

3. 營業稅稅納稅申報期限

營業稅的納稅申報期限分別為 5 日、10 日、15 日、1 個月或者 1 個季度。納稅人的具體納稅期限，由主管稅務機關根據納稅人應納稅額的大小分別核定；不能按照固定期限納稅的，可以按次納稅。

納稅人以 1 個月或者 1 個季度為一個納稅期的，自期滿之日起 15 日內申報納稅；以 5 日、10 日或者 15 日為一個納稅期的，自期滿之日起 5 日內預繳稅款，於次月 1 日起 15 日內申報納稅並結清上月應納稅款。

4. 企業所得稅納稅申報期限

(1) 企業所得稅分月或者分季預繳。

(2) 企業應當自月份或者季度終了之日起 15 日內，向稅務機關報送預繳企業所得稅納稅申報表，預繳稅款。

(3) 企業應當自年度終了之日起 5 個月內，向稅務機關報送年度企業所得稅納稅申報表，並匯算清繳，結清應繳應退稅款。

(4) 企業在年度中間終止經營活動的，應當自實際經營終止之日起 60 日內，向稅務機關辦理當期企業所得稅匯算清繳。企業應當在辦理註銷登記前，就其清算所得向稅務機關申報並依法繳納企業所得稅。

5. 個人所得稅納稅申報期限

(1) 自行申報納稅的申報期限。

①年所得 12 萬元以上的納稅人，在納稅年度終了后 3 個月內向主管稅務機關辦理納稅申報。

②個體工商戶和個人獨資、合夥企業投資者取得的生產、經營所得應納的稅款，分月預繳的，納稅人在每月終了后 7 日內辦理納稅申報；分季預繳的，納稅人在每個

季度終了后 7 日內辦理納稅申報；納稅年度終了后，納稅人在 3 個月內進行匯算清繳。

③納稅人年終一次性取得對企事業單位的承包經營、承租經營所得的，自取得所得之日起 30 日內辦理納稅申報；在 1 個納稅年度內分次取得承包經營、承租經營所得的，在每次取得所得后的次月 7 日內申報預繳，納稅年度終了后 3 個月內匯算清繳。

④ 從中國境外取得所得的納稅人，在納稅年度終了后 30 日內向中國境內主管稅務機關辦理納稅申報。

⑤除以上規定的情形外，納稅人取得其他各項所得須申報納稅的在取得所得的次月 7 日內向主管稅務機關辦理納稅申報。

(2) 代扣代繳申報期限。

① 扣繳義務人每月所扣的稅款，應當在次月 7 日內繳入國庫，並向主管稅務機關報送扣繳個人所得稅報告表、代扣代收稅款憑證和包括每一納稅人姓名、單位、職務、收入、稅款等內容的支付個人收入明細表以及稅務機關要求報送的其他有關資料。

②扣繳義務人因有特殊困難不能按期報送扣繳個人所得稅報告表及其他有關資料的，經縣級稅務機關批准，可以延期申報。

6. 城市維護建設稅、教育費附加納稅申報期限

納稅人在申報增值稅、消費稅、營業稅的同時進行申報。

7. 資源稅納稅申報期限

資源稅納稅人納稅期限為 1 日、3 日、5 日、10 日、15 日或者 1 個月，由主管稅務機關根據實際情況具體核定。不能按固定期限計算納稅的，可以按次計算納稅。

納稅人以個月為納稅期的，自期滿之日起 10 日內申報納稅；以 1 日、3 日、5 日、10 日或者 15 日為一期納稅的，自期滿之日起 5 日內預繳稅款，於次月 1 日起 10 日內申報納稅並結清上月稅款。

8. 土地增值稅納稅申報期限

土地增值稅納稅人應當自轉讓房地產合同簽訂之日起 7 日內向房地產所在地主管稅務機關辦理納稅申報，並在稅務機關核定的期限內繳納土地增值稅。

9. 耕地占用稅納稅申報期限

獲準占用耕地的單位或者個人應當在收到土地管理部門的通知之日起 30 日內向耕地所在地地方稅務機關申報繳納耕地占用稅。

10. 印花稅納稅申報期限

印花稅應納稅憑證應當於書立或者領受時貼花（申報繳納稅款）。同一種類應納稅憑證，需頻繁貼花的，應向主管稅務機關申請按期匯總繳納印花稅。匯總繳納限期額由地方稅務機關確定，但最長期限不得超過 1 個月。

二、稅款繳納

稅款繳納是指納稅人、扣繳義務人依照國家法律、行政法規的規定實現的稅款依法通過不同方式繳納入庫的過程。納稅人、扣繳義務人應按稅法規定的期限及時足額繳納應納稅款，以完全徹底地履行應盡的納稅義務。

（一）稅款繳納時間

稅款繳納時間是稅法規定納稅人向國家繳納稅款的時間限期。繳納時間是根據納稅人的生產經營規模和各個稅種的不同特點確定的。

稅款繳庫期是納稅申報后，納稅人繳納稅款的法定期限，納稅人未按規定限期繳納稅款的，稅務機關除責令限期繳納外，從滯納稅款之日起，按日加收滯納稅款0.5‰的滯納金。

（二）稅款繳納方式

稅款繳納方式有現金納稅、銀行轉帳納稅、網上扣稅等。

1. 現金納稅

現金納稅是納稅人用現金交納稅款，適用於個人及個體工商戶等。

2. 銀行轉帳納稅

銀行轉帳納稅方式適用於現金納稅以外的所有納稅人繳納稅款。納稅人、扣繳義務人在徵收大廳銀行營業窗口選擇一家實行電腦聯網的銀行開設納稅專用帳戶，與其簽訂委託劃轉稅款協議書。納稅人、扣繳義務人每月辦理納稅申報前，專用帳戶至少存足當月應納稅款。納稅人、扣繳義務人只需在區地方稅務局（稅務所）規定的納稅期限內通過上門申報或郵寄、電子等申報方式將納稅申報表、代扣代繳、代收代繳稅款報告表及其他有關納稅資料報送區地方稅務局（稅務所）后，由稅務局通知納稅人開設納稅專戶的銀行將納稅人本期應繳稅金劃入國庫，並將稅票交納稅人。

3. 網上扣稅

網上扣稅是採用網上申報納稅后在網上扣繳應納稅款。

第七章　銀行借款實務

第一節　銀行借款

一、銀行借款及其種類

　　銀行借款是企業根據生產經營業務的需要，為彌補自有資金不足向銀行借入的款項。企業從事生產經營活動的資金，主要來源於兩個方面：一是企業自有資金，包括投資者投入的資金和企業在生產經營過程中累積起來的資金。二是外部借入資金，向外部借入資金是企業籌集資金的一個重要渠道，它包括向銀行等金融機構的借款，也包括向各種非金融機構如基金會等的借款，還包括通過發行債券等籌借的資金和通過商業信用方式籌措的資金等。其中，銀行借款是外部借入資金的最重要方面。

　　根據銀行貸款管理的要求和反應經濟活動情況的目的不同，銀行借款分為：

　　(1) 按經濟部門經營的特點劃分，銀行借款可以分為工業借款、商業借款、農業借款、建築業借款等。

　　(2) 按借款對象的經濟性質劃分，銀行借款可以分為國有企業借款、集體企業借款、「外資」企業借款、鄉鎮企業借款、私營企業借款和個體戶借款等。

　　(3) 按借款用途劃分，銀行借款可以分為生產週轉借款、商品週轉借款、結算借款、臨時借款、基本建設借款、技術改造借款、特種借款等。

　　(4) 按貸款期限長短劃分，銀行借款可以分為短期借款、中期借款、中長期借款和長期借款等。

　　(5) 按借款資金性質劃分，銀行借款可以分為人民幣借款、外匯借款。

　　(6) 按借款實際使用是否合理劃分，銀行借款可以可分為正常借款和不正常借款。符合借款原則和借款政策，能夠按期歸還（週轉）的借款，屬於正常借款；逾期借款、超儲積壓物資借款、挪用資金借款和催收借款等，屬於不正常借款。

　　常見的幾種借款種類有工業借款、商業借款、外匯借款。

(一) 工業借款

　　按現行《金融企業會計制度》規定，工業借款可分為短期借款、中長期借款、抵押借款、貼現借款等。

　　1. 短期借款

　　短期借款可分為臨時借款和期限在 1 年以內的其他借款。臨時借款，是指工業企

業由於季節性或臨時性原因，需要超過經批准的借款限額的流動資金而向銀行申請的借款，期限一般不能超過半年。

2. 中長期借款

(1) 週轉借款。

週轉借款是工業企業為完成當年的生產經營計劃，需要的流動資金超過了流動基金的正常生產週轉規定比例而向銀行申請的借款，期限不超過1年。

(2) 流動基金借款。

流動基金借款是工業企業和物資供銷企業，在核定的流動資金占用額基礎上，由於自有流動資金不足規定比例而向銀行申請的借款，期限為2～3年。

(3) 結算借款。

結算借款是企業為解決在異地銷售產品、採購物資，使用托收承付或信用證結算方式所需在途資金而向銀行申請的借款。

(4) 專用基金借款。

專用基金借款是企業為擴大再生產、進行小型技術改造、固定資產大修理而向銀行申請的借款，期限最長不能超過18個月。

(5) 賣方借款。

賣方借款是銷售單位（賣方）賒銷產品，購貨單位（買方）延期付款，銀行向賣方提供貸款，待買方分期付款后，由賣方歸還貸款的一種銀行借款方式，期限一般為1～2年。

(6) 特種借款。

特種借款是新建擴建企業因自籌鋪底資金不足30%而向銀行申請的借款。

(7) 技改借款。

技改借款是銀行為支持企業技術改造、技術引進、設備更新和添置必要的設施而發放的貸款，期限一般在5年內，最長不能超過7年。

(8) 科技開發的借款。

科技開發的借款是企業或企業化管理的科研單位在從事開發研製新產品、新材料，引進新技術、新設備，推廣應用新技術、新工藝以及科研成果向生產領域的轉移過程中，由於資金不足而向銀行申請的借款，是「科研借款」「技術開發貸款」「電子計算機技術開發借款」「星火計劃借款」「火炬計劃借款」「軍轉民科技開發借款」等類借款的總稱，期限最長不能超過3年。

(9) 基建借款。

基建借款是企業由於新建、擴建、恢復重建的基本建設項目需要資金而向銀行申請的借款。

(10) 大修理借款。

大修理借款是企業由於進行固定資產維修資金不足而向銀行申請的借款。

3. 抵押擔保借款

(1) 抵押借款。

抵押借款是企業向銀行借款時以本企業所支配的具有使用價值的商品物資、房屋、

設備及各種有價證券作抵押品提供給銀行，作為借款抵押的借款方式。

（2）擔保借款。

擔保借款是具有經濟實力的法人以本企業的經濟能力為借款單位擔保，按期償還銀行本息的一種借款方式。經濟擔保借款方式有兩種：一種是財產抵押擔保，一種是經濟實力擔保。

4．貼現借款

貼現借款是企業在流動資金週轉發生困難時，利用銀行承兌匯票或商業承兌匯票，向銀行申請辦理的一種借款，期限不超過6個月。

（二）商業借款

商業借款可以分為短期借款和中長期借款。

1．短期借款

短期借款包括臨時借款、聯營借款、糧食預購定金借款、個體商業借款等。

（1）臨時借款。

臨時借款是商業企業在經營過程中，由於提前或集中到貨，或節日或季節性儲備商品和其他臨時性客觀原因，引起超過商品週轉借款額度的資金需要而向銀行申請的借款。借款具有短期調劑性質，企業隨用隨借，銀行逐筆核貸期限和額度。

（2）聯營借款。

聯營借款是用於商業企業多種形式的聯營需要而向銀行申請的借款。

（3）糧食預購定金借款。

糧食預購定金借款是商業部門根據國家批准，對糧油實行預購而發放的定金性借款。借款直接借給糧食部門，由其發放給簽訂糧油定購合同的農戶，用以解決糧食生產中的所需資金。借款期限最長不得超過8個月，遇特殊情況如自然災害可以轉到下年。

（4）個體商業借款。

個體商業借款是符合借款條件的城鎮個體經營戶或專業戶由於經營資金不足及購置必要的小型設備、設施資金不足而向銀行申請的借款。

2．中長期借款

中長期借款包括商品週轉借款、特種借款、專項儲備借款、結算借款、大學生借款、網點設施借款、小額設備借款、副食品基地借款、科技開發借款等。

（1）商品週轉借款。

商品週轉借款是商業企業由於經營過程中合理經營的資金不足而向銀行申請的借款，是企業經常性長期佔用，具有墊付性質。銀行貸款額度原則上一次核定，一次轉入企業存戶週轉使用。年度中間原則上不增加週轉貸款，提前歸還減少週轉貸款。對象是一、二類國有企業，醫藥、其他商業的批發、零售和大型集體商業企業。

（2）特種借款。

特種借款是新建、擴建企業因自籌鋪底資金不足30%而向銀行申請的借款。

（3）專項儲備借款。

專項儲備借款是銀行對國有批發商業企業經國家批准儲備商品所需資金發放的貸

款。貸款須專款專用。

(4) 大學生借款。

大學生借款是銀行為解決部分學生在校期間的生活困難而發放的貸款，由學校申請貸款並負責歸還。貸款屬消費性貸款，專款專用，期限按學生在校時間確定，貸款發放額度不得突破款額。

(5) 網點設施借款。

網點設施借款是企業因網點擴大、改善服務設施、增加倉容面積而資金不足向銀行的借款。期限一般為1~3年。可以一次核批，按工程進度分次發放。

(6) 小額儲備借款。

小額儲備借款是國有和集體商業企業（含商辦工業）購置或建造5萬元以下的單項設備、單項工程而向銀行申請的借款，期限最長2年。

(7) 副食品基地借款。

副食品基地借款是商業企業為改善大中城市副食品供應，扶持發展各種副食品基地所需資金而向銀行申請的借款。

(8) 科技開發借款。

科技開發借款是商業系統的科研單位、商辦工業、商業企業組成的生產聯合體，在研究、仿製、消化新技術、試製開發新產品，推廣應用新技術成果自籌資金不足時向銀行申請的借款。

(三) 外匯借款

外匯借款可分為現匯借款、特種外匯借款、「三貸」外匯借款、商業借款和銀團借款。

1. 現匯借款

現匯借款是外匯專業銀行按照國家核准的外匯信貸計劃和向國外借款計劃從國際金融市場上籌借的外匯和國內吸收的外匯存款用來發放給企業的外匯借款。這種借款也叫自由外匯借款。現匯借款分為以下幾種：①浮動利率借款；②優惠利率外匯借款；③特優利率外匯借款；④貼息外匯借款；⑤外商投資企業借款；⑥對外承包工程借款；⑦短期週轉流動資金借款；⑧機電產品流動資金借款。

2. 特種外匯借款

特種外匯借款是把信貸和兌換外匯兩種職能有機地結合在一起以解決不同企業技術改造所需外匯資金而發放的一種借款。分為特種甲類外匯借款和特種乙類外匯借款，兩類借款相輔相成、保持平衡，一般情況下先發放甲類借款，后發放乙類借款。

3. 「三貸」外匯借款

「三貸」是買方信貸、政府貸款和混合貸款的簡稱，屬於出口信貸，只能用於購買貸款國的資本貨物、技術改造項目以及其他項目。

4. 商業借款

商業借款是指一國借款人為支持某一建設項目或一般用途，在國際金融市場上向國外銀行借入的貨幣資金。籌借國際商業借款必須列入國家利用外資計劃，經人民銀

行總行批准，並經過國務院正式確定的對外窗口。

5. 銀團借款

銀團借款是由一家銀行牽頭，組織許多家銀行參加，共同對一個項目或企業提供較大金額的長期借款，又稱國際辛迪加借款。

二、銀行借款的當事人

銀行借款的當事人有貸款人和借款人。

1. 貸款人

根據人民銀行《貸款通則》的規定，中國貸款人是在中國境內依法設立的經營貸款業務的中資金融機構。中國目前經營貸款業務的中資機構主要有：商業銀行、信託投資公司、企業集團財務公司、金融租賃公司、城鄉信用合作社及其他經營貸款業務的金融機構等。

2. 借款人

借款人是從經營貸款業務的中資金融機構取得貸款的法人、其他經濟組織、個體工商戶和自然人。

三、借貸活動應遵循的原則

借貸活動是依法進行的借貸行為，銀行與借款人之間應是地位平等的主體，因此在借貸活動中必須遵循下列原則：

1. 平等的原則

借款人和貸款人都是獨立的，互不隸屬，處在同等的地位，都受同樣的法律約束，不允許任何一方有超越法律的特權，不得利用自己的優勢，將自己的意志強加於對方。借貸雙方的平等還表現在雙方都有平等的訴訟權，即當一方權利受到侵害時都有權依法提起訴訟，請求法律保護。

2. 公平的原則

在借貸活動中雙方所承包的民事責任應當公平合理。一是借款人和貸款人都享有平等的民事主體資格。二是借款人與貸款人進行民事活動機會均等，有同等的機會進行借貸活動，在同等條件下進行競爭。三是借貸雙方在享有權利和承擔義務上要求對等。四是借貸雙方在承擔責任上要合理。有過錯的一方才承擔責任，承擔的責任與過錯的程度要相適應。

3. 誠實信用的原則

在借貸活動中，誠信原則要求維持雙方利益的平衡、雙方利益與社會利益的平衡；要求借貸雙方的借貸活動必須具備誠實、善意，講求信譽和遵守合同，恪守諾言，履行義務，必須忠誠老實，不隱瞞真實情況，不得迴避法律和合同，逃避應承擔的義務。借款人不得為取得貸款而採取欺騙的手段，隱瞞或謊報自己的財務、經營、盈利狀況，或隱瞞貸款用途，貸款后必須按時歸還貸款的本息。貸款人應及時按合同規定的時間向借款人發放貸款。

四、銀行借款的辦理

(一) 申辦貸款應具備的條件

向銀行申請辦理貸款的單位必須具備下列條件：

(1) 借款單位必須是經主管部門和縣以上工商行政管理機關批准設立、註冊登記，並持有營業執照。

(2) 借款企業必須實行獨立的經濟核算，單獨計算盈虧，單獨編製會計報表，有對外簽訂交易合同的權利。

(3) 借款單位必須要有正常生產經營所需的一定數量的自有資金。

(4) 企業必須在銀行開立帳戶，有經濟收入和還款能力。

(5) 對於固定資產借款項目，借款單位的項目建議書、可行性研究報告和初步設計已經批准，並已列入年度國家固定資產投資計劃。

(二) 銀行貸款方法

銀行發放貸款一般有四種方法：

1. 逐筆申請，逐筆核貸，逐筆核定期限，到期收回

企業每需要一筆貸款，都要向銀行提出申請。銀行對每筆貸款加以審查，如果同意發放，對每筆貸款都要核定期限，到期則要按期收回。收回的貸款仍然是銀行可用於發放貸款的指標，可繼續週轉使用。

2. 逐筆申請，逐步核貸，逐筆核定期限，到期收回，貸款指標一次使用，不能週轉

同第一種方法相比，其不同之處在於，到期收回的貸款不能週轉使用，適用於專項用途的貸款，如基本建設貸款、技術改造貸款等。

3. 每年或每季一次申請貸款，由銀行集中審核

根據實際情況，下達一定時期內的貸款指標，企業進貨時自動增加貸款，銷售時直接減少貸款。貸款不定期限，在指標範圍內，貸款可以週轉使用；需要突破貸款指標時，則要另行申請，由銀行審核，調整貸款指標，適用於商品流轉貸款和物資供銷貸款。

4. 一次申請，集中審核，定期調整

企業一年或一個季度辦理一次申請貸款的手續，銀行一次集中審核。平時企業需要這方面貸款時，由銀行根據可貸款額度定期主動進行調整；貸款不受指標限制，企業不必逐項進行申請，適合於結算貸款。

(三) 銀行貸款的申請辦理

借款人要取得貸款應該遵循如下的程序辦理：

1. 貸款申請

借款人需要貸款，需要向主辦銀行或其他銀行的經辦機構申請。借款人應該填寫《借款申請書》，寫明借款金額、借款用途、償還能力和還款方法，並提供以下資料：

（1）借款人及其保證人的基本情況。
（2）財政部門或會計師事務所審核過的上年度會計報表，以及申請前一期的財務報告。
（3）抵押物、質押物清單以及權利人同意抵押、質押的證明以及保證人同意保證的有關證明文件。
（4）項目建議書和可行性報告。
（5）貸款人認為需要的其他資料。

2. 信用評估

貸款人根據借款人的綜合情況評定借款人的信用等級。

3. 貸前調查

貸款人受理申請后，應該對借款人的信用等級、借款的合法性、盈利性等情況進行調查。

4. 貸款審批

貸款人根據審貸分離、分級審批的貸款管理制度，對審查人員提供的資料進行核實評定后，按照規定的權限審批。

5. 簽訂借款合同

簽訂單位的借款申請，經銀行審查同意后，借貸雙方即可簽訂借款合同。

（1）借款合同是確立貨幣借貸權利和義務關係的協議。

借款合同是借款方（企業）與貸款方（銀行）就確立貨幣借貸權利和義務關係所簽訂的協議。當事人在簽訂借款合同時，必須以國家的法律、法規和計劃為準則，遵循平等協商的原則。借款合同依法簽訂后，具有法律約束力。因此，企業與銀行等當事人都必須遵守合同條款，履行合同規定的義務。借款合同必須由當事人雙方的法定代表人（如廠長、經理、行長）或者憑法定代表人授權證明的經辦人簽章，並加蓋雙方單位的公章，才能生效。由第三方充當保證人（擔保人）的借款合同，還應由保證單位的法人代表簽章，加蓋公章。借款合同的份數根據實際情況確定。一般情況下，簽章各方均應執一份，其中，借貸雙方各執一份正本，其他均為副本。

簽訂借款合同時應注意：①合同條款必須完備；②必須明確違約責任；③貸款數額大、期限長的借款合同，必須要求借款方提供必要的擔保，如設置抵押品或第三方作保證人；④對借款方提供擔保的借款合同，應及時辦理公證，以保證合同的順利履行。

（2）借款合同的內容。

借款合同中，應明確規定貸款種類、金額、用途、期限、利率、還款方式、結算方法和違約責任等條款，以及當事人雙方商定的其他事項。

① 貸款種類。

貸款種類是該貸款是哪一種貸款，如基建貸款、農業貸款、工商企業流動資金貸款等。

② 借款金額。

根據企業借款計劃和企業物資儲備、物資消耗、銷售收入情況加以確定。

③ 借款用途。

借款合同必須明確規定借款用途，保證按計劃使用貸款，專款專用，使貸款方便於對借款的使用進行監督，借款方按期歸還借款。借款方在使用借款時，不準墊支稅利，不準用於職工福利和其他財政性開支，不準用於基本建設。

④ 借款期限。

借款合同應明確規定貸款歸還期限，借款方有權提前償還。

⑤ 借款利率。

借款利率由國家規定。貸款一般分為貼息貸款和全息貸款。貸款要付利息，必須在借款合同中規定，借款合同中未作規定的，貸款方無權要求借款方付利息。

⑥ 還款方式。

借款到期時，借款方應將本息如數還清。確因客觀原因到期不能歸還，借款方應提出申請，經貸款方同意，可以延期。但借款方沒有正當理由，或者雖提出申請延期，貸款方不同意延期，借款方逾期不還時，就應承擔法律責任。

由於貸款合同在貸款方交付標的物（即貨幣）后才算成立，合同成立後只存在借款方向貸款方承擔償還義務，所以，它是單向合同。貸款方有權依法向借款方瞭解計劃執行情況，以及經營管理、財務活動、物資流動等情況，監督貸款的使用；在貸款期滿后，有權採取必要措施，收回貸款及法定利息。

(3) 借款合同的擔保。

擔保是保證合同履行的一種法律制度。借款合同擔保的目的是促使借款人履行合同，按期如數歸還貸款本息，從而避免或減少貸款人的風險，保證借款合同的全面履行。《借款合同條例》規定，保證條款為借款合同的必要條款之一。中國借款合同的擔保方式有兩種，即抵押和第三方保證。

① 抵押。

抵押是借款合同中的借款方或第三方以其財產作為履行合同的擔保。當借款方不能履行合同時，作為貸款方的銀行享有從抵押財產的價值中優先受償的權利。抵押貸款的一般方式是借款人把產權屬於自己財產抵押給銀行，在借款合同中訂明有關抵押事宜，如抵押金額、抵押期限、抵押物的處置等，作為向銀行借款的物資保證。

抵押品一般包括：表示財產所有權和債權的各種有價證券和物權憑證，如股票、債券、國庫券、提貨單、匯票、期票等；動產和不動產，如房屋建築物、機械設備、運輸工具、材料或其他物品等。

② 第三方保證。

借款人與第三方約定，當借款人不履行或能履行歸還貸款的義務時，由保證人履行或承擔連帶責任，一旦發生糾紛，銀行可向法院對保證人提起訴訟，要求保證人歸還貸款。這裡需明確：保證合同是由借款合同（主合同）中的債權人（銀行）與保證人簽訂的一個從合同，隨著借款合同的生效而生效，隨著借款合同的解除或終止而解除或終止；保證合同必須是本著保證人自願的原則簽訂的合同；借款合同的保證人必須是具有一定財產，並有一定財務支付能力的法人。

（4）借款合同的公證。

借款合同的公證是國家公證機關（公證處）對合同的存在及合法性的證明。一般的經濟合同，應本著雙方自願的原則由公證雙方當事人向當地公證機關共同提出申請。而借款合同的特殊性（雙方不是同時履行義務）決定了貸款方在合同簽訂時就應提出必須對合同進行公證的要求。借款合同進行公證的程序是：

① 借貸雙方共同向合同簽訂地的公證機關提出申請，並提交合同副本及有關證明材料。

② 公證機關對合同當事人進行審查，並對合同內容進行調查。

③ 調查核實后，公證機關開具公證文書。公證文書的正本借貸雙方各執一份，並應向各自的上級主管部門交存一份副本。

④ 按照現行規定，所需公證費用由雙方當事人共同負擔。

6. 借款人簽訂借款借據，取得貸款

借款合同一經簽訂，即具有法律效力，借款人可以根據合同填製借款借據。借據是借款的書面憑證，可與借款合同同時簽訂，也可在合同規定的額度和有效時間內一次或分幾次訂立。雙方訂立借據后，信貸部門填寫放款通知單，交銀行會計部門辦理放款手續，將貸款轉入借款單位的存款帳戶。

五、借款合同中的違約責任

貸款方有義務按借款合同按期向借款方提供貸款，如未按規定及時貸款，使企業不能及時地借到款項而直接影響生產，造成經濟損失，銀行就應付違約責任，應按規定向企業支付違約金。

企業也要信守合同和履行合同，不得違反，否則企業就應負違約責任，受到銀行的信貸制裁。銀行如果發現貸款企業擠占或挪用貸款，或經營管理不善、資金週轉緩慢、資金積壓，能處理而不積極處理，從而造成貸款逾期不還、虧損後長期不能扭轉和彌補的，應按逾期貸款、積壓物資占用款和擠占挪用銀行貸款加收利息的規定加收利息。對貸款企業嚴重違反財經紀律，挪用流動資金搞基本建設、購置設備、彌補虧損和其他不正當支出的，應視情節輕重，強制收回逾期貸款本息，貸款人可以提前收回用途不當的貸款。對盲目生產、盲目收購沒有銷路的物品和物資的，不予貸款。企業如過期不積極清理歸還貸款，要加利息。對於虧損嚴重，長期不能扭轉的企業，可視其情況決定停止發放部分或全部新貸款，直至追回已發放的全部貸款等，促使其改善經營管理，遵守國家的財經紀律。當企業經營管理有所改善時，制裁即應取消，恢復正常的信貸關係。

信貸制裁一般可分為：① 加收貸款利息；② 強制扣收逾期貸款本息；③ 提前收回用途不當的貸款；④ 追回已發放的全部貸款；⑤ 停止發放部分或全部新貸款；⑥ 其他措施。

貸款到期后，如果企業因客觀原因不能如期償還貸款本息的，應提前向銀行申請展期，填寫借款展期申請書，具體說明展期的理由，申請展期的金額和申請展期的期限，報送貸款銀行，經銀行審查同意后簽訂借款展期協議，將借款期限延長。按照規定，展期只能一次，展期期限不能超過原貸款期限。如貸款到期后企業無法歸還，而銀行又不同意展期的，則銀行按規定將貸款轉入逾期貸款戶，按照逾期貸款利率按日計收逾期貸款利息。

第二節　銀行借款利息

一、利息

利息是貨幣資金的使用者為在一定時期內使用貨幣資金（又稱本金）所支付給貨幣資金所有者的報酬。

利息按照支付對象的不同可以分為存款利息和貸款利息。存款利息是各單位和個人將款項存入銀行，銀行按規定支付給存款單位和個人的利息。貸款利息是銀行將款項借給企業，按規定向企業收取的利息。

決定利息額大小的因素主要有三個，即本金的大小、存貸款時間的長短和利率。

1. 本金

本金是銀行發放的貸款的金額（貸款本金）或存款單位存入銀行的款項的金額（存款本金）。存貸款時間和利息率確定時，本金越大，利息額越多；反之，則利息額越少。

2. 存貸款時間

存貸款時間是存款存入到取出的間隔時間或者貸款由發放到收回的間隔時間。本金和利率確定時，存貸款時間越長，利息越多；反之則利息越少。

企業的存款帳戶、短期借款都是按季計算利息，計息日為每季度末月的 20 日。計算存貸款時間實行「算頭不算尾」，也就是說從有存、貸款業務發生的當日起（存款從存入之日起，貸款從借入之日起）計息，到業務終止前一日（存款支取的前一日或貸款歸還的前一日）止，按照實際存貸款天數計算利息。計算存貸款時期，滿月的按月計算，有整月又有零頭天數的，可全部化成天數按天數計算，滿月的不論月大月小均按 30 天計算，零頭天數則按實際天數計算。

3. 利率

利率是一定時期內利息額與存貸款金額之間的比例。本金和存貸款時間確定時，利率越高，利息越多；反之，則利息越少。

年利率一般按本金的百分之幾表示，例如年利率 9%，又稱年息九厘，表示本金 100 元，年利息額為 9 元。月利率一般按本金的千分之幾表示，例如，月利率 7.5，又稱月息七厘五毫，表示本金 100 元，月利息額為 0.75 元。日利率一般按本金的萬分之幾表示，例如，日利率 2.5，又稱日息二厘五毫，表示本金 100 元，日利息額 0.025 元。

年利率、月利率、日利率的換算公式為：

年息 = 月息 × 12 = 日息 × 360

月息 = 年息 ÷ 12 = 日息 × 30

日息 = 年息 ÷ 360 = 月息 ÷ 30

按照國家規定，如果銀行利率調整，存貸款利息需分段計算，即利率調整日以前的存貸款利息，按照調整以前的利率計算，從調整日起到結息日或清戶日止按調整後

的利率計算。

二、中國的利率

中國利率按信用形式可分為銀行利率、法定利率、市場利率、國庫券利率、差別利率、優惠利率、聯行利率、浮動利率。

1. 銀行利率

銀行利率可分為存款利率和貸款利率。存款利率按存款對象分為企事業單位存款利率、個人儲蓄存款利率等。貸款利率可按銀行貸款的用途分為流動資金貸款利率、固定資金貸款利率等。

按照存貸款是否規定期限，銀行利率可分為定期存貸款利率和活期存貸款利率。其中，定期存貸款利率又可分為整存整取利率、零存整取利率、存本取息利率、大額定期存款單利率、人民幣保值儲蓄存款利率等。

2. 法定利率

法定利率是指由中國人民銀行制定並由國務院批准頒布執行的各種存貸款利率。制定法定利率的原則是：

利率的最高界限是社會企業的平均資金利潤率。

利率的升降變動有利於聚集資金和合理使用資金。

根據物價水平的變動調整率，以保持存貸款資金的實際價值。

發揮利率在調節經濟、促進企業提高經濟效益的經濟槓桿作用。

3. 市場利率

市場利率是由金融市場上的資金供求關係所決定的利息率，其變化幅度由人民銀行進行管理和規定上下浮動範圍。

4. 差別利率

差別利率是銀行根據各經濟實體在社會經濟中的地位和作用，對於不同期限、不同部門、不同行業、不同環節、不同種類、不同性質的貸款和存款所規定的不同利率。由於利率的高低對資金投向、資金聚集、資金供求狀況和資金效益起著很重要的調節作用，因此，差別利率體現著國家在一定時期的經濟方針、目標和產業發展政策。

5. 優惠利率

優惠利率是對某些存款以高於同類存款利率，對某些貸款以低於同類貸款利率計付、計收利息的利率。優惠利率主要適用於按照國家政策需要特別支持的存、貸項目，如對技術改造貸款、平價糧收購貸款、節能貸款等實行優惠利率，對發明創造獎和獎學金等基金存款按個人定期儲蓄存款計息給予優惠等。另外，對一些貸款項目的計息方法上也可以給予優惠。例如，銀行對一般貸款多採用每季度轉息一次的計息方法，而對技術改造貸款則採取「利隨本清」的計息方法，推遲貸款單位付息時間，這樣就減少了利息支出。

6. 聯行利率

聯行利率是指專業銀行向中國人民銀行或專業銀行之間相互借款使用的利率。

7. 浮動利率

浮動利率是在統一基本利率的一定幅度內上下浮動的利率。中國浮動利率可分為兩類：一類是中國人民銀行總行根據國務院的授權，在20%的幅度內對利率進行浮動；另一類是各專業銀行總行或信用合作社在中國人民銀行總行規定的利率浮動幅度內，對各檔次存、貸款利率按一定的目的和幅度進行浮動。

三、計算利息的方法

計算利息的方法可以分為單利和複利計算法兩種。

(一) 單利

單利就是只計算本金生息而得到的利息，而利息不再計息，也就是說單利是在一定時間對本金所支付的報酬。單利計算公式為：

利息額 = 本金 × 計息時間 × 利率

根據存款的種類和計息依據的不同，計算單利的方法可分為四種基本類型：

1. 起訖期計息法

起訖期計息法，是在支取存款或歸還貸款時，根據從存款日到取款日或從貸款日到還款日所經過的時間，確定計息時間計算利息的一種方法。這種方法適用於在存款支取日計息的各種定期存款和在貸款歸還日計息的各種定期貸款。

（1）到期支取存款或歸還貸款時，如計息時間正好足月，可以先算出存貸款的月數，然後用月數乘以計息本金和月利率即為應計利息。計算公式是：

利息 = 本金 × 計息月數 × 月利率

（2）提前或過期支取存款或償還貸款時，計息時間有不足月的零頭天數，首先算出存貸款的足月數，再算出零頭天數，把足月數化為天數後（每月按照30天計算）與零頭天數相加，計算出總天數，然後以本金乘以計息總天數和日利率，即為應計利息。計算公式是：

計息總天數 = 存貸款足月數 × 30 天 + 零頭天數

應計利息 = 本金 × 利息總天數 × 日利率

【例7-1】甲公司2015年5月20日向銀行借款20萬元，假定該借款於2016年5月20日還清，年利率為9%。因為貸款時間剛好滿一年，則按年利率計息：

應計利息 = 200,000 × 9% = 18,000（元）

如果甲公司經營狀況不好，一直到2016年6月28日才歸還結清，則應該用日利率計算：

日利率 = 月利率 ÷ 30 =（年利率 ÷ 12）÷ 30 = 9% ÷ 12 ÷ 30 = 0.25%

貸款時間 = 360 + 30 + 8 = 398（天）

應計利息 = 200,000 × 398 × 0.25% = 19,900（元）

2. 累計積數計息法

累計積數法是以積數加總作計息本金來計算利息的方法。積數是存貸款帳戶某日餘額與該餘額保持不變的天數的積數。單位的活期存貸款，特別是活期存款金額是經

常發生變化的。累計積數法的實質是把動態的計息本金折算成靜態的計息本金，然後按照日利率計算利息，適合於按季結息的各種活期存貸款。

累計積數法的計算公式為：

計息期間的利息＝該期間的累計積數×日利率

累計積數法的計算步驟為：

(1) 計算天數。

銀行每天結算出各類存貸款帳戶的餘額后，暫時不計算日數，因為這一餘額能保持多少天尚未確定，也許幾天，也許就只有一天；只有該帳戶餘額發生變化時，才計算出該餘額保持不變的天數，即為該存貸款餘額實存實貸的天數，然後填在這一餘額的日數欄上。

(2) 計算積數。

銀行根據「積數＝本金×時間」的計算公式，用存貸款餘額乘以該存貸款餘額的實存實貸天數，計算出積數，填於該餘額的積數欄。

(3) 結息日計算利息。

到結息日，銀行將積數欄相加結出總積數，即累計積數，以累計積數乘以日利率，即為應計利息。

【例7-2】2016年3月20日銀行在計算利息時，甲公司銀行活期存款帳戶餘額情況如下：

12月20日	20萬元
12月30日	25萬元
1月10日	30萬元
2月10日	20萬元
2月20日	25萬元
3月10日	40萬元
3月20日	30萬元

銀行計息的日利率為0.02%。那麼按照上述計算步驟，其利息計算如表7-1所示。

表7-1

日期	存款餘額	實存天數	積數
12月20日	20萬元	10	200萬元
12月30日	25萬元	11	275萬元
1月10日	30萬元	31	930萬元
2月10日	20萬元	10	200萬元
2月20日	25萬元	18	450萬元
3月10日	40萬元	10	400萬元
3月20日	25萬元	90	2,455萬元
應計利息＝2,455萬元×2‰＝4,910元			

在按累計積數計算利息的情況下，日數計算是否正確，直接關係到利息的計算是否正確，因此，在結息日計算利息時，就應檢查一下日數的正確性。檢查方法是計算出總日數，然後與該結息期第一筆帳的記帳日到結息日期間所經過的總天數進行核對。

(二) 複利

複利是指計算利息時每經過一個計息期，要將所生利息加入本金再計利息，逐期該算，俗稱「利滾利」。計算的公式為：

$$F = P(1+i)^n$$

其中：F 是終值，指未來的本金和利息和；P 是本金，也稱為現值；i 是年利率；n 是計息期的期數。

四、各種利息的核算

1. 存款利息

到結息日或者存款到期日，銀行按規定計算各單位存款的應得利息，簽發利息收帳通知單，送交各單位。各單位出納員應當按照存款利息的計算方法復核本單位應得利息。復核無誤後，根據計算通知單編製銀行存款收款憑證，會計分錄為：

借：銀行存款
　　貸：財務費用——利息收入

2. 短期借款利息

短期借款的利息，由於時間較短，應該作為財務費用，計入當期損益。在會計核算上分情況處理：

(1) 如果短期借款的利息是按期支付的（按季、按半年），或者利息是在借款到期時連同本金一起歸還，並且數額較大的，為了正確計算各期的盈虧，可以採用預提的方法，按月預提，預提時會計分錄為：

借：財務費用
　　貸：應付利息

實際支付月份，按照已經預提的利息金額，會計分錄為：

借：應付利息
　　財務費用
　　貸：銀行存款

(2) 如果企業的短期借款利息是按月支付的，或者利息是在借款到期時連同本金一起歸還，數額不大的，可以直接計入當期損益，會計分錄為：

借：財務費用
　　貸：銀行存款

3. 長期借款利息

對於長期借款，銀行一般都按年計息，也有的按季計息（如技術改造貸款等）。按年計息的，每年 9 月 20 日為結息日；按季結息的，每季度末月 20 日為結息日。其利息按照雙方簽訂的合同可以分次支付，也可以借款期滿時一次性支付。銀行於結息日計

息后，企業財務部門應當在收到銀行的計息通知單后，按照長期借款金額和規定的利率復核利息額。復核無誤后，按下列情況進行處理：

（1）對於尚未完工的基本建設和更新改造項及，利息支出應計入工程成本。

每年年末或每季季末計息時，企業財務部門應當根據銀行結息通知單編製轉帳憑證，會計分錄為：

借：在建工程
　　貸：長期借款——應計利息

實際支付時，編製銀行存款付款憑證，其會計分錄為：

借：長期借款——應計利息
　　貸：銀行存款

（2）對於基本建設和更新改造工程完工后發生的長期借款利息支出，按照規定應計入企業的財務費用。計息時，企業財務部門應根據復核無誤后的銀行結息通知單編製轉帳憑證，會計分錄為：

借：財務費用——利息支出
　　貸：長期借款——應計利息

實際支付時，按照支付的利息額編製銀行存款付款憑證，其會計分錄為：

借：長期借款——應計利息
　　貸：銀行存款

第八章 證照申辦年檢實務

第一節 組織機構代碼證的申辦與年檢

一、組織機構代碼證的申辦

(一) 組織機構代碼證

1. 組織機構代碼

組織機構代碼是對中華人民共和國境內依法註冊、依法登記的機關、企、事業單位、社會團體和民辦非企業單位等機構頒發在全國範圍內唯一的、始終不變的代碼標示，其作用相當於單位的身分證號。組織機構代碼代碼具有如下特性：唯一性、完整性、統一性、準確性、無含義性和終生不變性。組織機構代碼由國家質量技術監督部門根據國家標準編製，是政府各職能部門之間信息管理系統的橋樑和不可替代的信息傳輸紐帶，目前已在工商、稅務、銀行、公安、財政、人事勞動、社會保險、統計、海關、外貿和交通等40餘個部門廣泛應用，成為單位在進行社會交往、開展商務活動所必需的「身分證明」。

2. 組織機構代碼證

組織機構代碼證是由國家質量監督檢驗檢疫總局統一印製的，分為正本、副本和電子副本（IC）卡三款，具有同等效力。組織機構代碼證分成了企業法人、企業非法人、事業法人、事業非法人、社團法人、社團非法人、機關法人、機關非法人、個體、工會法人、民辦非企業組織和其他類型共12種。

組織機構代碼證對一個單位特別是企業的作用非常重要。例如，企業在經營過程中，由於涉及轉帳問題，需要向銀行申請一個基本帳戶作為結算帳戶，只有在這個基本帳戶的基礎上，企業才能申請一般帳戶，才可以購買現金支票。而申請辦理這兩種帳戶的時候都必須向銀行提供組織機構代碼證等相關資料。又如，一個企業在經營中需要去稅務部門辦理相關稅務登記手續，同時申請購買發票。而企業稅號的15位數字中，前6位是行政區劃號段，后面9位就是企業組織機構代碼號，也就是說辦理稅務登記手續必須使用組織機構代碼證，通過組織機構代碼信息，可以實現對增值稅發票的有效管理，防止個別企業的偷稅漏稅行為，為國家從源頭治理稅源起到積極的作用。此外，在車輛落戶、申請人事調動、辦理員工社會保障時都離不開組織機構代碼證。可以說隨著中國社會主義市場經濟的發展，組織機構代碼證在國家行政管理和維護經

濟秩序以及宏觀調控中所起的作用將越來越重要。

(三) 組織機構代碼證的申辦

1. 企業申辦組織機構代碼證需提交的材料
(1) 營業執照副本原件及複印件；
(2) 法定代表人或負責人身分證明原件和複印件；
(3) 單位公章；
(4) 經辦人有效身分證明原件及複印件；
(5) 授權經辦人辦理登記證明。

2. 企業申辦組織機構代碼證的程序
(1) 申請。

企業申請人持相關材料提出申請，初審無誤後領取申辦組織機構代碼證的表格填寫。

(2) 審核。

對企業申請人的材料和表格進行復審，無誤後受理業務，並做相應的錄入、賦碼和掃描工作。

(3) 領證。

企業申請人校對組織機構代碼信息校對表，校對完成后領取組織機構代碼證書。

二、組織機構代碼證的年檢

(一) 年檢時間

組織機構代碼證每年年檢一次，在次年的上半年完成。

(二) 年檢需提交的材料

(1) 營業執照複印件或有效批文複印件；
(2) 法定代表人或負責人身分證複印件；
(3) 全套原代碼證書；
(4) 單位公章；
(5) 經辦人身分證。

第二節　工商營業執照的申辦與年檢

一、工商營業執照的申辦

(一) 工商營業執照

營業執照是企業或組織合法經營權的憑證。營業執照的登記事項為名稱、地址、負責人、資金數額、經濟成分、經營範圍、經營方式、經營期限等。營業執照分正本和副本，正副本具有同等法律效力。正本應當置於公司住所或營業場所的醒目位置，

副本一般用於外出辦理業務，比如辦理銀行開戶、企業代碼證、簽訂合同等。

(二) 工商營業執照的申辦

  1. 工商營業執照辦理程序

  (1) 名稱預先核准；

  (2) 銀行驗資；

  (3) 會計師事務所出具驗資報告；

  (4) 提交工商營業執照申辦材料；

  (5) 領取營業執照。

  2. 企業名稱登記

  (1) 外商投資企業名稱登記。

外商投資企業在項目建議書和可行性研究報告批准後，合同、章程簽字前，應向工商行政管理機關申請名稱登記。申請名稱登記，應提交下列文件和證件：

①組建負責人簽署、組建單位蓋章的外商投資企業名稱申請表；

②項目建議書及其批准文件或可行性研究報告及其批准文件；

③投資各方所在國（地區）政府出具的合法開業證明及銀行資信證明。

名稱核准後，工商行政管理機關應發給外商投資企業名稱登記核准通知書，企業據此簽訂合同、章程、辦理營業執照審批手續。

  (2) 內資企業名稱預先核准登記。

內資企業在申辦工商營業執照時，應首先申請名稱預先核准。申請內資企業名稱預先核准登記應當提交下列文件：

① 有限責任公司的全體股東簽署的公司名稱預先核准申請書；

②股東或者發起人的法人資格證明或者自然人的身分證明；

③ 公司登記機關要求提交的其他文件。

名稱預先核准登記核准後，工商行政管理機關應發給「名稱預先核准登記通知書」，企業據此辦理營業執照審批手續。

  3. 工商營業執照的申辦條件與申辦材料

  (1) 外商投資企業開業登記。

①申辦條件。

外商投資企業開業登記應具備的條件有：

  A. 有符合規定的條件；

  B. 有審批機關批准的合同、章程；

  C. 有固定經營場所；

  D. 有符合國家規定的註冊資金；

  E. 有符合國家法律、法規和政策規定的經營範圍。

②申辦材料。

外商投資企業開業登記應提交的申辦材料有：

  A. 外商投資企業申請登記表；

B. 企業名稱登記核准通知書；

C. 企業名稱登記表；

D. 企業名稱申請表；

E. 外商投資企業批准證書（副本1）原件；

F. 合同、章程上報文件及審批機構批覆文件；

G. 合同及其附件；

H. 授權委託書；

I. 章程；

J. 董事會名單及各方委派書；

K. 可行性研究報告上報文件及審批機構批覆（或項目審批表）；

L. 意向書（外商投資企業為設立外資企業申請書）；

M. 公安、消防、環保、衛生、城建等前置審批部門的意見；

N. 中、外方合法開業證明（營業執照複印件或個人身分證明）；

O. 中、外方出資（資信）證明；

P. 董事長（法定代表人）任職資格審查表、副董事長、總經理、副總經理簡歷表；

Q. 辦公、生產經營場所使用證明；

R. 其他需提交的文件、證件。

（2）股份有限公司開業登記。

①申辦條件。

股份有限公司開業登記應具備的條件有：

A. 發起人符合法定人數。《公司法》明確規定，設立股份有限公司，應當由二人以上二百人以下為發起人。

B. 發起人認購和募集的股本達到法定資本最低限額。《公司法》規定，股份有限公司註冊資本的最低限額為人民幣五百萬元。

C. 股份發行、籌辦事項符合法律規定。發起人為了設立股份有限公司而發行股份、籌辦公司登記事宜時，都必須符合法律規定的條件和程序。

D. 發起人制訂公司章程，採用募集方式設立的應經創立大會通過。

E. 有公司名稱，建立符合股份有限公司要求的組織機構。

F. 有公司住所。

②申辦材料。

股份有限公司開業登記應提交的申辦材料：

A. 公司董事長簽署的設立登記申請書；

B. 全體股東指定代表或者共同委託代理人的證明；

C. 公司章程；

D. 具有法定資格的驗資機構出具的驗資證明；

E. 股東的法人資格證明或者自然人身分證明；

F. 載明公司董事、監事、經理的姓名、住所的文件及有關委派、選舉或聘用的

證明；

 G. 公司法定代表人任職文件和身分證明；

 H. 企業名稱預先核准通知書；

 I. 公司住所證明。

法律、行政法規規定設立股份公司必須報經審批的，還應提交有關的批准文件。

（3）有限責任公司開業登記。

①申辦條件。

有限責任公司開業登記應具備的條件有：

 A. 股東符合法定人數。《公司法》對有限責任公司的股東限定為兩個以上五十個以下。

 B. 股東出資達到法定資本的最低限額。股東出資總額必須達到法定資本的最低限額。以生產經營為主的公司，人民幣五十萬元；以商品批發為主的公司，人民幣五十萬元；以商業零售為主的公司，人民幣三十萬元；科技開發、諮詢、服務性公司，人民幣十萬元。

 C. 股東共同制定章程。公司章程由全體出資者在自願協商的基礎上制定，經全體出資者同意，股東應當在公司章程上簽名、蓋章。

 D. 有公司名稱、建立符合有限責任公司要求的組織機構。

 E. 有固定的生產經營場所和必要的生產經營條件。

②申辦材料。

有限責任公司開業登記應提交的申辦材料有：

 A. 公司法定代表人簽署的公司設立登記申請書；

 B. 全體股東簽署的指定代表或者共同委託代理人的證明；

 C. 全體股東簽署的公司章程；

 D. 股東的主體資格證明或者自然人身分證明複印件；

 E. 依法設立的驗資機構出具的驗資證明；

 F. 股東首次出資是非貨幣財產的，提交已辦理財產權轉移手續的證明文件；

 G. 董事、監事和經理的任職文件及身分證明複印件；

 H. 法定代表人任職文件及身分證明複印件；

 I. 住所使用證明；

 J. 企業名稱預先核准通知書；

 K. 法律、行政法規和國務院決定規定設立有限責任公司必須報經批准的，提交有關的批准文件或者許可證書複印件；

 L. 公司申請登記的經營範圍中有法律、行政法規和國務院決定規定必須在登記前報經批准的項目，提交有關的批准文件或者許可證書複印件或許可證明。

二、工商營業執照的年檢

（一）工商營業執照的年檢的概念

工商營業執照的年檢就是公司年度檢驗，是指工商行政管理機關依法按年度對公

司進行檢查，確認公司繼續經營資格的法定制度。凡領取中華人民共和國公司法人營業執照、中華人民共和國營業執照、公司法人營業執照、營業執照的有限責任公司、股份有限公司、非公司法人和其他經營單位，均須參加年檢。當年設立登記的公司，自下一年起參加年檢。

工商營業執照年檢起止日期為每年的 3 月 1 日至 6 月 30 日，登記主管機關在規定的時間內，對公司上一年度的情況進行檢查。公司應當於 3 月 15 日前向登記主管機關送報年檢材料。

（二）工商營業執照年檢的主要內容

（1）公司登記事項執行和變動情況；
（2）股東或者出資人的出資或提供合作條件的情況；
（3）公司對外投資情況；
（4）公司設立分支機構情況；
（5）公司生產經營情況。

（三）工商營業執照年檢的程序

工商營業執照年檢的基本程序是：
（1）公司申領、報送年檢報告書和其他有關材料；
（2）登記主管機關受理審核年檢材料；
（3）公司交納年檢費；
（4）登記主管機關加貼年檢標示和加蓋年檢戳記；
（5）登記主管機關發還公司營業執照。

（四）工商營業執照年檢應提交的文件

工商營業執照年檢在申報時須提交下列文件：
（1）年檢報告書；
（2）營業執照正、副本；
（3）公司法人年度資產負債表和損益表；
（4）其他應當提交的材料。

股份公司和外商投資公司還應交年度審計報告。

不足一個會計年度新設立的公司和按照章程或合同規定出資期限到期的外商投資公司，應當提交驗資報告。

第三節　貸款證（卡）的申辦與年檢

一、貸款證（卡）的申辦

（一）貸款證（卡）的概念

貸款證（卡）是由中國人民銀行發給借款人憑以向金融機構申請辦理信貸業務的

資格證明。凡需要向各金融機構申請貸款，辦理承兌匯票、信用證、授信、保函和提供擔保等信貸業務的法人企業、非法人企業、事業法人單位和其他借款人，均須向營業執照（或其他有效證件）註冊地的中國人民銀行各城市中心支行或所屬縣支行申請領取貸款證（卡）。中國人民銀行統一為貸款卡編碼，貸款卡編碼唯一，是商業銀行登錄「銀行信貸登記諮詢系統」查詢借款人資信信息的憑證。貸款卡僅是借款人憑以向金融機構申請辦理信貸業務的資格證明，取得貸款卡並不意味能馬上獲得銀行貸款，要看貸款申請人的資信狀況是否滿足商業銀行的貸款要求。貸款卡由借款人持有，有效期1年，在中華人民共和國境內通用。

根據中國人民銀行總行授權，人民銀行各城市中心支行及所屬支行是貸款卡管理機關，負責發卡、延續和各項監督管理。

實行貸款證（卡）制度對金融機構的意義是：
①提高貸款透明度，降低信貸風險；
②便於銀行管理好信貸資產質量；
③幫助金融機構清理風險貸款。

貸款證由深圳首創，1991年和1995年由中國人民銀行總行分兩次向全國組織推行，直至現在演化成為今天成熟的全國「貸款卡」制度。貸款證（卡）作為一項新的信貸管理手段，對提高銀行信貸資產質量有著十分重要的意義，因此伴隨銀行商業化進程推行發展開來。

(二) 貸款證（卡）的作用

通過貸款證（卡），商業銀行可以登錄「銀行信貸登記諮詢系統」查詢借款人的資信信息，包括：
①發證記錄和年審記錄；
②企業概況；
③銀行存款戶開戶記錄；
④貸款餘額情況登記表；
⑤貸款發生情況登記表；
⑥異地貸款發生情況登記表；
⑦企業提供經濟擔保情況登記表；
⑧企業資信評估記錄。

商業銀行通過「銀行信貸登記諮詢系統」瞭解分析借款人的資信，綜合其他調查研究結果確定是否向借款人貸款。

(三) 貸款證（卡）的申領

1. 主要數據資料準備

申領貸款卡的企業（單位）、個人，在中國人民銀行各城市中心支行網站上下載資產負債表、利潤及利潤分配表、現金流量表，填報數據拷盤後，到註冊地人民銀行辦理申請領卡手續。

2. 企業辦卡

企業申領辦卡貸款證（卡）應準備和提交如下材料：

（1）貸款卡申請書；

（2）已辦理當年年檢的企業法人營業執照或營業執照（限於法人企業授權的非法人企業）原件及複印件；

（3）已辦理當年年檢的中華人民共和國組織機構代碼證原件及複印件；

（4）人民銀行核發的基本存款帳戶開戶許可證原件及複印件；

（5）企業的註冊資本驗資報告原件及複印件或有關註冊資本來源的證明材料；

（6）領卡時上年度及上月的資產負債表、利潤及利潤分配表、現金流量表，並須加蓋公章；

（7）法定代表人身分證複印件；

（8）高級管理人員身分證複印件；

（9）股東身分證明複印件；

（10）經辦人身分證原件及複印件；

（11）國稅稅務登記證原件及複印件；

（12）地稅稅務登記證原件及複印件；

（13）企業法人章程；

（14）如法人代表為境外投資者且授權境內人員全權處理相關事宜時，該企業除帶上述資料外，還須攜帶授權委託書。

3. 事業單位、社會團體辦卡

事業單位、社會團體申領辦卡貸款證（卡）應準備和提交如下材料：

（1）貸款卡申請書；

（2）事業單位法人登記證原件及複印件或上級批文原件及複印件；

（3）已辦理當年年檢的中華人民共和國組織機構代碼證原件及複印件；

（4）人民銀行核發的基本存款帳戶開戶許可證原件及複印件；

（5）領卡時上年度及上月的資產負債表、利潤及利潤分配表、現金流量表，並須加蓋公章；

（6）經辦人身分證原件及複印件。

4. 個人辦卡

個人申領辦卡貸款證（卡）應準備和提交如下材料：

（1）貸款卡申請書；

（2）戶口簿原件及複印件；

（3）身分證原件及複印件；

（4）貸款意向書。

中國人民銀行審驗無誤后，從申請之日起五個工作日內核發貸款卡。貸款卡由領卡單位、個人自行保管。貸款卡遺失、損壞的，借款人應當重新提交申請貸款卡材料，向中國人民銀行分支機構申請換卡。符合條件的，中國人民銀行分機構應自受理申請之日起兩個工作日內辦理完畢貸款卡換卡手續，換卡后的貸款卡編碼不變。

二、貸款證（卡）的年檢

（一）年檢時間

　　貸款卡有效期1年，即貸款卡核發日或年審通過日起為期1年。貸款卡實行滾動年審，借款人應在有效期到期前1個月內參加年審。

（二）年檢需提供的資料

　　（1）貸款卡年審報告書。年審單位各項內容未發生變更的，僅填寫貸款卡年審報告書封面。年審單位某項內容發生變更的，須填寫有關表格的對應內容，未變更的內容不需填寫。

　　（2）年審合格的企業法人營業執照或營業執照副本複印件，並出示副本原件，事業單位和其他借款人的有效證件複印件並出示原件。

　　（3）法定代表人（負責人）及經辦人的有效身分證明複印件。

　　（4）年審合格的中華人民共和國組織機構代碼證書複印件。

　　（5）上年度資產負債表、利潤及利潤分配表、現金流量表。

　　（6）年審單位自上次年審合格至目前為止，下列情況發生變化的，須提供相應材料：

　　①年審單位對外投資發生變化的，提供被投資單位的中華人民共和國組織機構代碼證書複印件。

　　②年審單位法定代表人直旁系親屬在其他單位新任高級管理人員的，提供親屬身分證明複印件、任職單位中華人民共和國組織機構代碼證書複印件。

　　③年審單位所屬集團公司發生變化的，提供上級公司（集團公司或母公司）的中華人民共和國組織機構代碼證書複印件。

　　④年審單位企業名稱、法人代表、註冊資本或股東、股權發生變更的，提供經工商行政管理部門出具的企業變更情況複印件，並出示原件，其中，新出資者為單位的，提供其中華人民共和國組織機構代碼證書複印件；為自然人的，提供其有效身分證明複印件。

　　⑤年審單位經營場地發生變更的，提供新經營場地的土地（房屋）產權證複印件或含出租產權證的房屋租賃合同複印件，並出示原件。

　　（7）中國人民銀行要求提供的其他資料。

第九章　出納工作交接與出納資料歸檔

第一節　出納工作交接的內容及方法

一、出納工作交接

出納工作交接是指出納人員因工作調動或者離職等原因，由原任出納人員將有關工作和資料移交給后任出納人員的工作過程。

辦理出納人員工作交接手續主要有以下幾個方面的原因：
(1) 出納人員辭職或離開單位；
(2) 企業內部工作變動不再擔任出納職務，例如出納崗位輪崗調換到會計崗位；
(3) 出納崗位內部增加工作人員重新進行分工；
(4) 因病假、事假或臨時調用，不能繼續從事出納工作；
(5) 因特殊情況如停職審查等按規定不宜繼續從事出納工作；
(6) 企業因其他情況按規定應辦理出納交接工作的，如企業解散、破產、兼併、合併、分立等情況發生時，出納人員應向接收單位或清算組移交。

二、出納交接的內容

在實際工作中，企業單位都會遇到變更出納員的情況。不同的單位由於企業規模大小、會計人員多少不同，出納員的分工和主管的業務會有所不同，因此出納工作交接的具體內容也會有所不同。但總的來說，出納工作交接應該包括以下內容：

(一) 手工記帳的企業出納工作交接的內容

(1) 現金：包括現鈔、外幣、金銀珠寶、其他貴重物品；
(2) 有價證券：包括國庫券、債券、股票等；
(3) 支票：包括空白支票和作廢支票；
(4) 發票：包括空白發票、支票領用備查登記簿和已用發票（含作廢發票）；
(5) 收款收據：包括空白收據、已用收據（含作廢收據）的存根聯等；
(6) 財務印章：包括財務專用章、發票專用章、銀行預留印鑒、現金收訖、現金付訖、銀行收訖、銀行付訖、作廢等業務專用章等；
(7) 出納憑證：包括與現金、銀行存款及其他貨幣資金有關的原始憑證和記帳憑證；

（8）出納帳簿：包括現金日記帳和銀行存款日記帳等；
　　（9）用於銀行結算的各種銀行匯票、銀行本票、商業匯票等票據；
　　（10）會計用品：如報銷單據、借據等；
　　（11）辦公室、辦公桌與保險工具的鑰匙、各種保密號碼；
　　（12）本部門保管的各種檔案資料和公用會計工具、器具等；
　　（13）各種文件資料和其他業務資料；
　　（14）會計文件：如應由出納人員保管的相關文件、銀行對帳單、合同、協議等；
　　（15）經辦未了事項。

（二）實行電算化會計的出納工作交接的內容

　　實行電算化會計的企業，出納工作交接的內容除上述手工記帳的企業出納工作交接的內容外，還應交接：
　　（1）會計軟件及會計軟件有關的密碼或口令；
　　（2）存儲會計數據的介質包括磁帶、磁盤和光盤等；
　　（3）其他資料如有關電算化的其他資料和實物等。

（三）主要業務介紹的內容：
　　（1）原出納人員工作職責和工作範圍的介紹；
　　（2）每期固定辦理的業務介紹，如按期繳納電費、水費、電話費的時間等；
　　（3）複雜業務的具體說明，如交納電話費的號碼、銀行帳戶的開戶地址、聯繫人等；
　　（4）歷史遺留問題的說明；
　　（5）其他需要說明的事項。

三、出納交接的方法

　　《會計法》第四十一條規定：「會計人員調動工作或離職，必須與接管人員辦清交接手續。一般會計人員辦理交接手續，由會計機構負責人（會計主管人員）監交；會計機構負責人（會計主管人員）辦理交接手續，由單位負責人監交，必要時主管單位可以派人會同監交。」出納人員的交接也要按會計法規定進行，出納人員在調動工作或者是離職時，要與接管人員辦理交接手續，這是出納人員對工作應盡的職責，也是分清移交人員和接管人員責任的重要措施。因此，出納的交接工作分為三個階段：

　　第一階段：移交前的準備工作

　　為了保證出納交接工作順利進行，出納人員在辦理交接手續前，必須做好以下準備工作：
　　（1）現金、有價證券、貴重物品要根據會計帳簿有關記錄由移交人向接交人逐一點交，不得短缺。接替人員發現不一致或有白條頂庫現象時，移交人員在規定期限內負責查清處理。
　　（2）銀行存款帳戶餘額要與銀行對帳單核對。在核對時如發現疑問，移交人和接

交人應一起到開戶銀行當面核對，並取得銀行存款餘額調節表等。

（3）在銀行存款帳戶餘額與銀行對帳單餘額核對相符的前提下，移交有關票據、票證及印章，同時由接交人更換預留在銀行的印鑒章。

（4）出納帳簿移交時，接交人應該核對帳帳、帳實是否相符，即現金日記帳、銀行存款日記帳、有價證券明細帳應與現金、銀行存款和有價證券總帳核對相符。實行會計電算化的單位交接雙方應在電子計算機上對有關數據進行實際操作確認有關數字，正確無誤后，再將帳頁打印出來，裝訂成冊，再進行交接。核對無誤后，移交人在結帳數字上蓋章，以示對前段工作的負責。最后，交接雙方在帳簿的經管人員一覽表上簽章，並註明交接的年、月、日。

（5）出納憑證、出納帳簿和其他會計核算資料必須完整無缺。如有短缺，必須查清原因，並在移交清冊中註明，由移交人員負責。

（6）工作計劃移交時，為了方便接交人開展工作，移交人應向接交人詳細介紹工作計劃執行情況以及今后在執行過程中注意的問題，以方便出納工作的延續性。

（7）移交人應將保險櫃密碼、鑰匙、辦公桌和辦公室鑰匙一一移交給接交人。接交人在接交完畢后，應立即更換保險櫃密碼及有關鎖具。

（8）接交人辦理接交完畢，應在出納帳簿啟用表上填寫接收時間，並簽名蓋章。

實行會計電算化的單位，從事該項工作的移交人員還應當在移交清冊中列明會計軟件及密碼、會計軟件數據磁盤（磁帶等）及有關資料、實物等內容。

第二階段：正式交接

出納工作交接一般在單位會計機構負責人、會計主管人員監督下進行。出納員的離職交接，必須在規定的期限內，全部向接替人員移交清楚。接替人員應認真按照移交清冊逐項點收，其具體操作是：

（1）庫存現金要根據日記帳餘額當面點交，不得短缺，接替人員發現不一致或「白條抵庫」現象時，移交人員在規定的期限內負責查清。

（2）有價證券要根據備查簿餘額進行點收，若出現有價證券面額與發行價不一致時，要按帳面金額交接。

（3）出納帳和其他會計資料必須完整無缺，不得遺漏。如有短缺，須查明原因，並在移交清冊上註明由移交人負責。

（4）銀行存款帳戶要與銀行對帳單核對一致，出納人員在辦理交接前，須向銀行申請打印對帳單，如存在有未達帳項，還需編製銀行存款餘額調節表，調整相符。

（5）接交人員按移交清冊點收應由出納人員保管的其他財產物資，如財務章、人名章、收據、空白支票、科目印章、支票專用章等。

（6）實行電算化的單位，交接雙方應在電子計算機上對有關數據進行實際操作，確認有關數據無誤后，方可交接。

第三階段：交接結束

出納交接工作結束時必須注意：

（1）交接過程中要有專人負責監交，交接要求進行財產清理，做到帳帳、帳實、

帳款核對無誤，交接清楚後填妥移交清冊，由交、接、監三方簽字蓋章。

（2）出納工作交接完畢後，交接雙方和監交人員要在移交清冊上簽名蓋章，要在移交清冊上註明單位名稱、交接日期、交接雙方和監交人的職務、姓名、移交清冊頁數及需要說明的問題和意見等。

（3）接交人員應繼續使用移交前的帳簿，不得擅自另立帳簿，以保證會計記錄前後銜接，內容完整。

（4）移交清冊應該一式三份，其中交接雙方各執一份，另一份作為會計檔案，在交接結束後歸檔保管。

四、出納交接的相關責任

出納交接工作結束后，在交接前後各期的工作責任應由當時的經辦人負責，主要體現在以下幾個方面：

（1）接交人應認真接管移交工作，繼續辦理未了事項。

（2）接交人應繼續使用移交后的帳簿等資料，保持會計記錄的連續性，不得自行另立帳簿或擅自銷毀移交資料。

（3）移交后，移交人對自己經辦的已辦理移交的資料負完全責任，不得以資料已移交為借由推脫責任。

五、工作移交表

移交表主要包括庫存現金移交表（表9－1）、銀行存款移交表（表9－2）、有價證券和貴重物品移交表（表9－3）、核算資料移交表（表9－4）、物品移交表（表9－5），以及交接說明書（表9－6）等。

表9－1　　　　　　　　　　　　庫存現金移交表

第　　頁　　　　　　移交日期：　　　年　　月　　日　　　　　　　單位：元

幣別	數量（張）	移交金額	接交金額	備註
合計				

單位領導：　　　　移交人：　　　　監交人：　　　　接管人：

表9-2　　　　　　　　　　　　　銀行存款移交表

　　第　　頁　　　　　　　　移交日期：　　年　　月　　日　　　　　　　　單位：元

開戶銀行	幣種	期限	帳面數	實有數	備註
合　　計					

附：（1）銀行存款餘額調節表一份
　　（2）銀行預留卡片一張

單位領導：　　　　移交人：　　　　　監交人：　　　　　接交人：

有的單位可能在幾家銀行開戶，銀行存款也有定期和活期存款之分，因此，銀行存款移交表應根據開戶銀行、幣種、期限、帳面數、實有數分別填列。

表9-3　　　　　　　　　　　有價證券、貴重物品移交表

　　第　　頁　　　　　　　移交日期：　　年　　月　　日　　　　　　　　單位：元

名稱	購入日期	單位	數量	面值	到期日期	備註

單位領導：　　　　移交人：　　　　　監交人：　　　　　接管人：

表9-4　　　　　　　　　　　　　核算資料移交表

　　　　　　　　　　　　　　　移交日期：　　年　　月　　日

名　稱	年度	數量	起止時間	備註

單位領導：　　　　移交人：　　　　　監交人：　　　　　接管人：

表9-5　　　　　　　　　　　　　　　物品移交表

移交日期：　　　年　　　月　　　日

名　稱	型號	購入日期	單位	數量	備註

單位領導：　　　　　移交人：　　　　　監交人：　　　　　接管人：

表9-6　　　　　　　　　　　　　　　交接情況說明書

```
交接人員說明：

交接日期：
具體業務的移交：
移交的會計憑證、帳簿、文件：
其他事項說明：
交接前后工作責任的劃分：
本交接書一式三份，雙方各執一份，存檔一份。
    移交人：          （簽名蓋章）
    接管人：          （簽名蓋章）
    監交人：          （簽名蓋章）
                                ×××財務處（公章）
                                ×××年××月××日
```

【例9-1】2016年11月19日，榮發設備製造有限責任公司原出納員張麗，因工作調動，財務處決定將出納工作移交給楊敏接管。張麗編製了移交清冊，並在財務主管李蘭的監督下與楊敏辦理了移交手續。移交清單資料如表9-7、表9-8、表9-9所示。

表9-7　　　　　　　　　　　　　　　財產物資移交清單

移交日期：2016年11月19日

序號	項目 類別	項目 明細	移交金額（數量）	備註
1	庫存現金	人民幣	¥450.70	
2		美元	$500.00	
3	銀行存款	帳號：580002101058581	¥10,000,000.00	建設銀行處州支行
4		帳號：100232210105180	¥500,000.00	浙商銀行麗水分行
5		帳號：338000776998809	¥10,000.00	農業銀行處州支行
6	其他貨幣資金		¥200,000.00	

表9-7(續)

序號	項目 類別	項目 明細	移交金額（數量）	備註
7	有價證券		￥100,000.00	2017年9月30日到期
8			60張	麗水城投發行，面值1,000元
9			1個	附：密碼及鑰匙
10			1臺	
11	其他物品		1枚	王麗印
12			1枚	
13			1枚	附：登錄密碼
14			1枚	

移交人：張麗　　　　　　接管人：楊敏　　　　　　監交人：李蘭

表9-8　　　　　　　　　　　**核算資料移交清單**

序號	項目	單位	數量	起訖號碼	起止時間	備註
1	現金日記	本	2		2016年1月1日~2016年11月18日	
2	銀行存款日記帳	本	1		2016年1月1日~2016年11月18日	
3	支票領用登記簿	本	1		2016年1月1日~2016年11月18日	
4	現金支票	張	10	ⅡⅦ00678002-00678011		
5	轉帳支票	張	7	ⅨⅤ10068907-10068913		
6	收據領用登記簿	本	1		2016年1月1日~2016年11月18日	
7	空白收據	本	10	20160001-20160999		
8	在用收據	本	1	20150100-20150199	2016年1月1日~2016年11月18日	20150100-20150186
9	應收票據備查簿	本	1		2016年1月1日~2016年11月18日	
10	應付票據備查簿	本	1		2016年1月1日~2016年11月18日	
11	銀行對帳單	份	10		2016年1~10月	
12	建行進帳單	本	3			
13	印鑒卡片	張	3			

移交人：張麗　　　　　　接管人：楊敏　　　　　　監交人：李蘭

表 9 - 9　　　　　　　　　出納工作交接說明書

出納工作交接說明書

因出納員王斌工作調動，財務處已經決定將出納工作移交給華林接管。現辦理如下交接：

1. 交接日期：

2016 年 12 月 15 日。

2. 具體業務的移交

（1）庫存現金：12 月 15 日帳面餘額 1,768 元，與實存數相符，庫存現金日記帳餘額與總帳餘額相符。

（2）庫存國庫券：780,000 元，經核對無誤。

（3）銀行存款餘額 182 萬元，經核對銀行存款餘額調節表相符。

3. 移交的會計憑證、帳簿、文件

（1）本年度現金日記帳一本。

（2）本年度銀行存款日記帳兩本。

（3）空白現金支票 25 張（0218545121 號至 1218545145 號）。

（4）空白轉帳支票 30 張（0219860022 號至 0219860051 號）。

（5）托收承付、委託收款登記簿一本。

（6）托收承付、委託付款登記簿一本。

（7）支票登記簿一本。

（8）發票登記簿一本。

（9）銀行對帳單 1～11 月份 11 份，11 月份未達帳項說明一份。

4. 移交的印鑒

（1）財務處轉訖印章一枚。

（2）財務處現金收訖印章一枚。

（3）財務處現金付訖印章一枚。

（4）財務處銀行存款收訖印章一枚。

（5）財務處銀行存款付訖印章一枚。

5. 交接前後工作責任的劃分

2016 年 12 月 15 日之前的出納責任事項由王斌負責，2016 年 12 月 15 日之后的出納責任事項由華林負責。以上移交事項均經交接雙方認定無誤。

6. 本交接說明書一式三份，雙方各持一份，存檔一份。

移交人：王斌（簽名蓋章）

接替人：華林（簽名蓋章）

監交人：高明佳（簽名蓋章）

公司財務處（蓋章）

2016 年 12 月 15 日

第二節　出納資料歸檔

一、出納歸檔資料的範圍

出納檔案主要有會計憑證類、會計帳簿類、財務報告類、檔案管理類及其他。

會計憑證類是指反應資金收付業務的原始憑證、記帳憑證、匯總憑證及其他出納憑證。記帳簿類主要是現金日記帳、銀行存款日記帳、其他貨幣資金明細帳、輔助帳簿及其他備查帳簿。財務報告類檔案管理類則指檔案移交清冊、出納檔案保管清冊、出納檔案銷毀清冊。其他類指的是作為收付依據的合同、協議及其他文件；按規定應單獨存放保管的重要票據，如作廢的支票、發票存根聯及作廢發票、收據存根聯及作廢收據；出納盤點表和出納考核報告等。

出納歸檔資料是指出納憑證、出納帳簿和出納報表等核算資料，主要包括：出納記帳所依據的各種原始憑證和記帳憑證；現金日記帳、銀行存款日記帳和有價證券明細分類帳；經營開支計劃與決算表、出納報告（包括月度、季度、年度的出納報告）、銀行存款對帳單、資金分析報告單、作為收付款依據的各種經濟合同、協議及其他文件，以及其他財務管理方面的重要憑證（如支票申請單、支票領用登記簿、應收票據登記簿等）。

二、出納歸檔資料的整理與保管

出納人員對各種歸檔資料必須進行科學的管理，應做到妥善保管、存放有序、查找方便；應嚴格執行安全和保密制度，不任意堆放，以免毀損、散失和洩密。

1. 出納憑證的整理與保管

（1）去掉憑證中的金屬物。

（2）憑證以左上對齊為準。

（3）排列：會計憑證同一年度按記帳分類，按月先後順序排列。

（4）編號：在每冊會計憑證封面上編製案卷號，跨年度拉通編製，或分年度編製。跨年度編號的最大號不超過999。

（5）填寫會計憑證封面。會計憑證封面應寫明單位名稱、年度、月份，本月共幾冊、本冊是第幾冊，記帳憑證的起訖編號、張數，並由會計主管、裝訂人分別簽名或蓋章。對於數量過多的原始憑證，如收、發料單等，可以按上述要求單獨裝訂成冊，加上封面封底，並在封面註明記帳憑證日期、編號，存放在其他類會計檔案中，同時在記帳憑證上註明「附件另訂」及原始憑證名稱和編號。

（6）裝訂憑證：

① 用打孔機在憑證的左上角打孔。

② 用大針引線繩穿過鑽好的孔，將憑證縫牢，線繩最好把憑證兩端也系上。在憑證的背面打結，然后取下夾子。

③ 將包角紙往後翻，壓平，上側成90度。

④ 按憑證左上角的大小裁剪包角紙，並用包角紙將線繩遮蓋並粘牢。

⑤ 將裝訂好的憑證放進憑證盒，並在盒脊上填好相關要素。

⑥ 填寫會計憑證盒正面及側面。正面應寫明單位名稱、起止時間、本月共幾冊、本盒是第幾冊，記帳憑證的起訖編號、張數、保管期限，由會計主管、立卷人分別簽名或蓋章。嚴格的大型企業還要編製全宗號、目錄號、卷號。側面應寫明哪年、幾月共幾冊，本盒是第幾冊，記帳憑證從第幾號到第幾號，保管期限，嚴格的大型企業還

要編製全宗號、目錄號、卷號。

（7）裝盒：按會計憑證的排列順序，依次將憑證裝入憑證盒內。一盒可裝一卷或數卷，盒內放置一張備考表，並填寫相關項目。

2. 出納帳簿的整理與保管

（1）跨年度連續使用的固定資產等帳簿，應在使用完的那一個年度歸檔。

（2）訂本帳中的空白頁不能拆去，應保持帳簿本身的完整性。

（3）移交歸檔前必須對舊帳進行整理，對編號、扉頁內容、目錄等項目填寫不全的，應根據有關要求填寫齊全。

（4）活頁帳中的空白頁要拆去，然後在剩餘帳頁的左或右上角編上頁碼，撤帳夾，加上帳簿封面封底，用脫脂線繩裝訂成冊，並把使用登記表或經管人員一覽表填寫完整。

（5）會計帳簿案卷封面應寫明單位名稱、帳簿名稱、所屬年度、卷內張數、保管期限，並由會計機構負責人、立卷人簽名或蓋章。

3. 財務報告的整理

會計報表是按年度立卷。立卷時要區分不同的保管期限，年度報表要與季度、月份報表分開，編寫頁號，分別組卷。按照歸檔的要求，裝訂時，加裝卷內目錄、備考表和卷皮。

4. 其他類出納檔案的整理立卷

出納帳證以外的其他出納歸檔資料，主要包括：各種報表及文件，如各項經費開支計劃表、決算表、出納報告、銀行對帳單、資金分析報告、作為收款依據的各種經濟合同文件；其他財務管理的重要憑據，如支票申請單與支票領用登記簿等。這些資料應分類整理並妥善保管，年終集中歸入會計檔案。

三、出納歸檔資料的移交調閱

（一）移交出納資料

（1）當年會計檔案，在會計年度終了後，可暫由本單位財務會計部門保管一年，在這一年內歸檔資料通常仍由出納負責保管。

（2）一年期滿後，應由財務會計部門編造成冊移交本單位的檔案部門保管。

（二）調閱出納資料

各單位保存的會計檔案一般不得借出，如有特殊需要，經本單位負責人批准，可以提供查閱或複製，並辦理登記、簽字、限期歸還手續。查閱或複製會計檔案的人員，嚴禁在會計檔案上塗畫、拆封和抽換。因此，各單位應建立健全會計檔案查閱和複製的登記制度。調閱的出納資料不能拆散原卷冊。

國家圖書館出版品預行編目(CIP)資料

出納實務/許仁忠、周夙蓮、李慧蓉、張珊珊 主編.-- 第三版.
-- 臺北市：崧燁文化, 2018.08
　　面；　　公分
ISBN 978-957-681-593-5(平裝)
1.會計
495　　107014490

書　　名：出納實務
作　　者：許仁忠、周夙蓮、李慧蓉、張珊珊 主編
發行人：黃振庭
出版者：崧博出版事業有限公司
發行者：崧燁文化事業有限公司
E-mail：sonbookservice@gmail.com
粉絲頁　　　　　　　網　　址：
地　　址：台北市中正區重慶南路一段六十一號八樓815室
8F.-815, No.61, Sec. 1, Chongqing S. Rd., Zhongzheng Dist., Taipei City 100, Taiwan (R.O.C.)
電　　話：(02)2370-3310　傳　真：(02) 2370-3210
總經銷：紅螞蟻圖書有限公司
地　　址：台北市內湖區舊宗路二段 121 巷 19 號
電　　話：02-2795-3656　　傳真：02-2795-4100　網址：
印　　刷：京峯彩色印刷有限公司（京峰數位）

本書版權為西南財經大學出版社所有授權崧博出版事業有限公司獨家發行電子書繁體字版。若有其他相關權利及授權需求請與本公司聯繫。

定價：300元
發行日期：2018 年 8 月第三版

◎ 本書以POD印製發行